现代光电子学
与光电子技术实验

主编 王兴权

副主编 谢晓春 钟握军

参编 丁宁 谭礼军 王凤鹏 朱秀榕 廖昱博

清华大学出版社

北京

内 容 简 介

本书内容涵盖了光电子学与光电子技术相关领域的最新进展,包括气体放电等离子体发生及其测试,半导体泵浦固体激光实验,液晶光学双稳态,高光谱成像测试,信息光学光路调节基础,光学衍射传播算法,数字全息成像,导电薄膜的制备及测试,半导体薄膜的制备及测试,激光玻璃制备及激光器特性测试,基于 MATLAB 的光学仿真等实验内容,其中,实验1～实验17为研究型综合应用实验,实验18～实验20为光电子技术基础实验。

本书可供高等学校电子信息类专业高年级本科生作为《光电子技术》《激光原理与技术》的实验教材,其中,实验1～实验17也可作为电子科学与技术、电子信息等相关专业研究生现代光电子学实验教材。

图书在版编目(CIP)数据

现代光电子学与光电子技术实验 / 王兴权主编.

北京:清华大学出版社,2024.9. -- ISBN 978-7-302-67228-9

Ⅰ. TN201-33

中国国家版本馆 CIP 数据核字第 2024ZS9613 号

责任编辑:朱红莲
封面设计:傅瑞学
责任校对:赵丽敏
责任印制:曹婉颖

出版发行:清华大学出版社
   网 址:https://www.tup.com.cn,https://www.wqxuetang.com
   地 址:北京清华大学学研大厦 A 座 邮 编:100084
   社 总 机:010-83470000 邮 购:010-62786544
   投稿与读者服务:010-62776969,c-service@tup.tsinghua.edu.cn
   质量反馈:010-62772015,zhiliang@tup.tsinghua.edu.cn
印 装 者:三河市东方印刷有限公司
经 销:全国新华书店
开 本:170mm×240mm 印 张:8.75 字 数:148 千字
版 次:2024 年 9 月第 1 版 印 次:2024 年 9 月第 1 次印刷
定 价:36.00 元

产品编号:107444-01

前言

　　本书是电子信息类专业光电子相关课程配套的实践性教材,对学生巩固和加深课堂理论知识、锻炼实践动手能力、培养科研创新意识具有非常重要的作用。本书编写的主要依据是教学质量国家标准和工程教育认证标准,结合高校现有的实验室和科研仪器设备,突出教程的科学性、先进性、前沿性和实践性,旨在培养学以致用的"新工科"应用型人才。

　　本书具有以下特点:

　　(1) 所选实验紧密结合理论课讲授内容,同时也反映了一些目前被广泛应用的技术,并吸收了教师们在科学研究中的成果。

　　(2) 实验选题内容丰富,涵盖了光电子学与光电子技术相关领域的最新进展,既有基础光电子实验,又有提高和创新的综合研究类实验,教师可针对不同的课程和学生群体以及具备的硬件条件选择开展其中一部分实验。

　　(3) 研究型实验内容设计充分利用了我校相关教师的优势硬件平台及特色研究,使学生在提高实践能力的同时接触到学科前沿研究课题。

　　全书共设计了 20 个实验内容,其中,实验 1～实验 17 为研究型综合应用实验,实验 18～实验 20 为光电子技术基础实验。全书内容丰富,包括气体放电等离子体发生及其测试,半导体泵浦固体激光,液晶光学双稳态,高光谱成像测试,信息光学光路调节基础,光学衍射传播算法,数字全息成像,导电薄膜的制备及测试,半导体薄膜的制备及测试,激光玻璃制备及激光器特性测试,基于 MATLAB 的光学仿真等实验内容,是实践性、探索性较强的研究型应用类教材。

　　本书编写过程中,得到了主编单位各级领导以及相关任课教师的支持,在此表示感谢。对于教材中存在的疏漏和不足,敬请广大师生和专家教授批评指正,以便修订完善。

编　者

2024 年 7 月

实验注意事项

为了做好实验，达到实验的预期目的，并保证实验中的人身与设备安全，特制定本实验注意事项，并请实验者严格遵照执行。

1. 每次实验前必须做好充分的准备工作，认真预习。预习要求如下：

(1) 仔细阅读实验指导书中的有关内容，掌握实验原理；

(2) 明确实验目的、任务要求及注意事项，了解和熟悉实验步骤及操作程序；

(3) 撰写实验预习报告，并回答思考题。

2. 开始做实验前，先认真检查实验所用仪器设备是否齐全？是否符合要求？工作是否正常？若有问题，要立即向教师报告。

3. 为确保人身和设备的安全，实验中要严格遵守实验要求，执行操作规程：

(1) 使用仪器设备前要了解并熟悉其性能、操作方法和使用注意事项，按要求正确使用；

(2) 严禁在带电的情况下进行接线或改接线操作，严禁随意触摸仪器设备和实验电路的金属部分，以避免发生触电事故；

(3) 实验时要根据实验装置连接图认真进行连接，确定无误后才能接通电源，初次实验或没有把握的应经指导教师审查同意后再接通电源；

(4) 实验中若出现异常情况，应立即切断电源，保护现场，报告指导教师，检查故障原因，排除故障后，经指导教师同意再继续实验；

(5) 要爱护国家财产，使用仪器仪表要轻拿轻放，任何仪器仪表设备，在不了解其性能与使用方法，未得到教师允许前，不准随便使用，严禁对仪器仪表进行拆改。

4. 实验完毕，应将电源关闭，整理好连接线和仪器设备，并请指导教师检查验收后，方能离开。实验仪器设备等若有损坏，应立即报告教师，视具体情况按规定处理。

5. 实验后，要认真归纳整理实验数据，并对实验结果进行分析总结，独立编写实验报告。实验报告是每次实验后都必须完成的一项工作，其内容主要有：

（1）实验预习报告即报告纸第一页必须包括："一、实验目的；二、实验原理；三、实验设备；四、实验内容；五、预习思考题解答。"该部分如果内容较多可以减少文字描述，但要写出步骤标题并画出装置图。

（2）实验报告即报告纸第二页必须包括："六、实验结果及分析，即实验测得的数据、表格等并对结果进行分析，如测得的数据实现了什么功能、说明什么问题、达到了什么目的；七、结果讨论，对本次实验结果进行总结，说明得到了什么结果或结论、遇到什么问题、需要怎么解决。"

目 录

实验 1

气体放电等离子体及其实现

1.1 实验目的

1. 了解等离子体及气体放电基本概念、产生方法。
2. 掌握气体放电装置结构并实现各种气体放电。
3. 观察并解释气体放电现象。

1.2 实验原理

1.2.1 基本概念

冰升温至 0℃会变成水,如继续使温度升至 100℃,那么水就会沸腾成为水蒸气。随着温度的上升,物质的存在状态一般会呈现出固态→液态→气态三种物态的转化过程,我们把这三种基本形态称为物质的三态。那么对于气态物质,温度升至几千摄氏度时,将会有什么新变化呢?由于物质分子热运动加剧,相互间的碰撞就会使气体分子发生电离,从而产生离子和电子。等离子体是物质存在的第四种状态,它由电离的导电气体组成,其中包括六种典型的粒子,即电子、正离子、负离子、激发态的原子或分子、基态的原子或分子以及光子。事实上等离子体就是由上述大量正负带电粒子和中性粒子组成,并表现出集体行为的一种准中性气体,也就是电离的气体。无论是部分电离还是完全电离,其中的负电荷总数等于正电荷总数,所以叫等离子体。

在火焰中,空气原子发生电离,因为温度高到足以使原子相互碰撞并剥夺电子。因此,在火焰中,电离的量取决于温度。其他机制可能导致电离发生,例如,在闪电中,强电流导致电离;在电离层中,阳光导致电离。最重要的是,只有当火焰变得足够热时,火焰才变成等离子体。日常的蜡烛燃烧的火焰最高温度可达 1500℃,该温度太低则不能产生很多离子,在火焰中看到的鲜艳的橙黄颜色是由不完全燃烧的燃料粒子("煤烟")受热发出的。因此,一些温度较低的火焰,由于电离度较低,不完全算是等离子体,只能算是处于激发态的高温气体。在地球上,等离子体物质远比固体、液体、气体物质少。在宇宙中,等离子体是物质存在的主要形式,占宇宙中物质总量的99%以上,如恒星(包括太阳)、星际物质以及地球周围的电离层等,都是等离子体。在人工生成等离子体的方法中,气体放电法比加热的办法更加简便高效,诸如荧光灯、霓虹灯、电弧焊、电晕放电等。在自然和人工生成的各种主要类型的等离子体中,从密度为 10^6(单位:个/m^3)的稀薄星际等离子体到密度为 10^{25} 的电弧放电等离子体,跨越近 20 个数量级,其温度分布范围则从 100K 的低温到超高温核聚变等离子体的 $10^8 \sim 10^9$ K。温度轴的单位为 eV(electron volt),是等离子体领域中常用的温度单位,1eV=11600K。

1.2.2 气体放电

气体放电是指气体在电场作用下从绝缘体到导电体的转变现象,是气体中的原子或者分子等中性粒子因为某种激励因素的作用而发生电离产生正负带电粒子的过程。不同的工作条件下产生的气体放电现象,具有不同的放电特性。低气压气体的放电是研究最早、理论最为成熟、应用最为广泛的放电。

气体放电过程通常分为非自持放电和自持放电,从非自持放电到自持放电的过渡现象称为击穿过程。1672 年,德国著名科学家弗里德·威廉·莱布尼茨(Gottfried Wilhelm Leibniz,1646—1716 年)首次发现了人工条件下的电火花,解释了气体放电的物理本质;1802 年俄国彼得洛夫发现了电弧放电;1889 年帕邢根据平行平板电极的间隙击穿试验结果得出表征均匀电场气体间隙击穿电压、间隙距离(d)和气压(P)之间关系的定律,即帕邢定律。应用汤森击穿条件以及电离系数与(Pd)的关系式可以求出击穿电压公式,经过微分后得到最低击穿电压。提高气压或是降低气压到真空都能提高间隙击穿电压,这概念在实际应用中是有意义的,但帕邢定律只在一定(Pd)范围有效。1903 年,英国物理学家汤森提出了汤森理论,即用于解释气体放电机制的最早理论。汤森在实验中发现,当两平板电极之间所加电压增大到一定值时,极板间隙的气体中出现连接两个电极的放电通道,使原来绝缘的气体变成了电导率很高的导体,间隙被击穿时有放电电流通过。汤森用气体电离的概念解释这一现象。但气压过高或高真空中,放电过程不能用汤森理论,帕邢定律也不适用。

经过十多年的研究,在汤森放电的理论基础上,结合火花放电的现象,提出了一种叫火花放电的流光理论,使气体放电的机理研究迈出了重要的一大步。介质阻挡放电(DBD)又叫无声放电,是一种典型的非平衡态交流气体放电。一定程度上讲,在最近几十年研究人员才对大气压放电机理及应用进行了较为系统的研究。因为大气压等离子体拥有其他放电方式无法比拟的优势及各个领域中广泛的应用前景,目前已经成为各国科学家研究的热点,并且在机理研究和工业应用中取得了一定的成绩,如在环境保护、材料处理等领域中已经有了重要的进展[1-3]。

1.2.3　等离子体分类

等离子体可按产生方式、电离程度、温度及其所处状态等进行分类。按等离子体产生方式可分为实验等离子体和自然等离子体。按气体电离程度可分为完全电离等离子体(电离度为100%)、强电离等离子体(电离度大于0.1%)和弱电离等离子体(电离度小于0.1%)。一般按其物理性质将等离子体划分为高温等离子体和低温等离子体两大类。高温等离子体只有在温度高达$10^8 \sim 10^9$ K 时才发生,太阳和恒星不断地发出这种等离子体,占了整个宇宙物质的99%。低温等离子体是指常温下发生的等离子体,其温度小于30000K,又分热等离子体(3000~30000K)和冷等离子体(300~3000K)。热等离子体一般由等离子体发生器产生,等离子体发生器又称等离子体炬。热等离子体发生器按照其产生方式可分为三类:电弧等离子体发生器、高频等离子体发生器和燃烧等离子体发生器。前面两类是通过气体放电时的能量释放以获得等离子体或等离子体射流,而后面一类的能量来源是燃烧热。其中直流电弧等离子体发生器应用最广。热等离子体的主要特点是电子的温度接近于原子、离子等重粒子温度。燃烧等离子体主要应用在磁流体发电领域。

按等离子体所处的状态可以分为平衡等离子体和非平衡等离子体。平衡等离子体的特点是:气体压力较高;放电空间中的过程主要取决于放电气体的温度;离子数的平衡靠热平衡来维持;热电离决定于放电界面上放电的热能;正负电荷密度相等即电中性;整个放电空间均匀而且等温;电子的平均能量等于中性气体分子的平均能量。如高气压电弧放电、超高压强下的极细弧柱等离子体和火花放电较晚时期的火花通道等离子体。非平衡等离子体的主要特点是:电离主要由快速电子与气体分子碰撞产生;正负电荷密度相等即电中性;电子平均能量远大于中性气体分子的平均能量;电子与气体分子碰撞损失的能量靠电子两次碰撞间从放电电场获得的能量来补偿。如辉光放电、低气压电弧放电、具有内电极或外电极的高频放电及环状无极放电等产生的等离子体。

根据工作气体压力的不同,非平衡等离子体又分为两类,一类是低气压非平衡等离子体(即气压较低时产生的非平衡等离子体),已在等离子体刻蚀(如在集成电路中的应用)、溅射制膜(如沉积各种功能薄膜等)、材料表面改性(如亲水性、黏附性等)等方面有了较成熟的技术及实际应用,由于要在低气压下才能进行,因此需要复杂且昂贵的真空系统,且操作复杂,维修维护困难;另一类是在高气压下产生的高气压非平衡等离子体,由于可以在大气压下产生,不需要昂贵的真空系统,且设备简单、易操作、成本低。由于工业应用通常需在常压或加压,且气体流速较大的环境中进行,因此探索研究在高气压环境中的工业应用,如材料表面改性、工业废水废气中污染物的脱除[4-6]等,将更具有实际意义及价值。

1.2.4 非平衡(冷)等离子体

非平衡(冷)等离子体可用电子平均动能(或电子温度)和重离子平均动能(或离子温度)来描述。因为电子的质量远小于重离子,故非平衡等离子体的温度或等离子体气体温度主要取决于重离子温度。非平衡(冷)等离子体的特点是等离子体放电电流密度较低,因此放电消耗的能量较低。由于大气压非平衡(冷)等离子体的温度很低甚至接近室温,因此其应用范围很广。

数百帕以下的低气压等离子体常常处于非热平衡状态,此时,电子在与离子及中性粒子的碰撞过程中几乎不损失能量,所以有 $T_e \gg T_i$, $T_e \gg T_n$。在大气压下,低温等离子体也可以通过不产生热效应的短脉冲放电模式如电晕放电(corona discharge)、滑动电弧放电(glide arc discharge or plasma arc)或介质阻挡放电(dielectric barrier discharge,DBD)等方式获得。

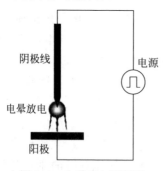

图 1.1 电晕放电原理图

电晕放电是非平衡等离子体中比较常见也比较简单的一种放电方式。当在电极两端施加较高但未达击穿的电压时,如果电极表面附近的电场(局部电场)很强,则电极表面附近的气体介质将发生局部击穿而产生电晕放电现象。图 1.1 是最常见的电晕放电装置示意图,为针板放电结构,由阳极、尖的阴极及直流电源组成,在阴极尖端处形成电晕放电。

电晕放电与火花放电、辉光放电、弧光放电在相应条件下可以相互转化。电晕放电电压降要比辉光放电电压降大(千伏数量级),但是放电电流更小(微安数量级),并发生在电场分布不均匀的条件下。若电场分布均匀且放电电流较大,则将产生辉光放电现象。在电晕放电时,如提高外加电压,而电源的功率又不够大,此时放电就会转变为火花放电;若电源功率足够大,则电晕放电就会转为弧光放电。利用电晕放电可以进行静电除尘、污水处理、消毒杀菌、空气净化等,目前在工业上已有较成熟的在线材料表面处理应用。

滑动电弧放电(图1.2)是指在一对电极上施加电压并有气流通过时,在电极间的最窄处形成放电弧,并在气流推动下向下游移动,弧的长度随着电极间距离的增大而增加,并在达到临界值时消失,同时重复上述过程。滑动电弧产生的等离子体为脉冲喷射,但可以得到比较宽的喷射式低温等离子体炬。滑动电弧放电可应用于有低温要求的场合,如一些不规则材料的表面改性等。

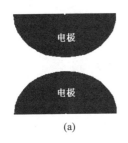 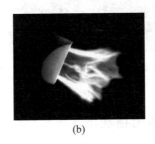 

(a)   (b)   (c)

图1.2 滑动电弧放电原理及实例

经过近20年的发展,低气压低温等离子体技术已取得很大进展。但由于其运行需抽真空、投资大、操作复杂、不适于工业化连续生产,限制了它的广泛应用。显然,最适合于工业应用的是大气压下放电产生的等离子体。长期以来人们一直在努力地实现大气压下辉光放电(APGD)。APGD的研究也取得了一些进展,如He、Ne、Ar等稀有气体在大气压下基本实现了APGD,空气也已经实现了看上去比较均匀的准"APGD"。

大气压非平衡放电早期多使用射频功率源或微波作为能量输入,电源输入功率较大时产生等离子体的温度为几百摄氏度,虽然其温度已大大高于室温,但难以和弧等离子体炬相比,其离子温度远低于电子温度,故仍将其归为冷等离子体。

图1.3和图1.4是德国PVA TePla公司和美国Surfx Technologies公司商业化的大气压冷等离子体笔和喷枪,将多支冷等离子体组合起来可获

得较大面积的冷等离子体。利用该产品可以对集成电路封装材料表面进行改性处理等。

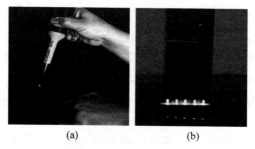

(a)   (b)

图 1.3 冷等离子体笔

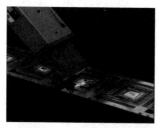

图 1.4 冷等离子体喷枪对电子器件的表面改性

1.2.5 大气压介质阻挡放电

介质阻挡放电是有绝缘介质插入放电空间的一种气体放电,介质可以覆盖在电极上,也可以悬挂在放电空间里。这样,当在放电电极上施加足够高的交流电压时,电极间的气体即使在很高气压下也能被击穿而形成介质阻挡放电。介质阻挡放电表现为很均匀、漫散和稳定、貌似低气压下的辉光放电,而实际上是由大量快脉冲的微放电构成的。通常放电空间的气体压强可高达 10^5 Pa 甚至更高,所以这种放电属于高气压下的非平衡放电,历史上又被称为无声放电,因为不像空气中的火花放电那样发出巨大的击穿响声。

图 1.5 所示为常见的平板介质阻挡放电装置示意图,由放电电极、绝缘介质、高压电源等构成,并且绝缘介质覆盖在一个电极上或悬挂在放电空间。在两电极间施加正弦或脉冲高压并且电压值足够大时即可产生放电。施加不同的电压波形及频率以及通入不同的气体时可产生丝状放电或辉光放电。通常情况下主要以丝状放电为主,丝状放电是由介质表面的微放电或放电带组成。辉光放电的产生则需要像氦气这类稀有气体的参与,因为

这类气体可产生具有较高活性的亚稳态粒子和潘宁(Penning)效应。

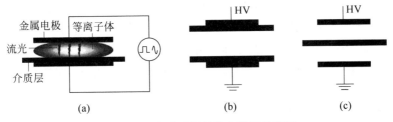

图 1.5　平板介质阻挡放电装置示意图

在大气压介质阻挡放电过程中除了产生明显丝状放电以外,如有合适条件还可产生与真空等离子体相似的辉光放电。

1.2.6　DBD 等离子体中粒子间的相互作用及光辐射

放电过程中任何一个粒子都会通过碰撞与其他各种粒子产生相互作用。粒子间通过碰撞交换动能、动量、势能和电荷,使粒子发生电离、复合、光子辐射和吸收等物理过程,同时也在各种物质之间发生各种化学反应[7-8]。

粒子间的碰撞指的是它们在各种力场下的相互作用。只要粒子受其他粒子影响后,其物理状态发生了变化,就可以认为这些粒子间发生了碰撞。所以粒子间发生的碰撞就是使放电中粒子体系的状态发生变化。如粒子的运动状态发生变化(粒子间交换动能和动量造成粒子的漂移和扩散),粒子的势能发生变化(原子被激发和电离),及粒子的极性发生变化(电子的捕获和复合)等。根据粒子状态的变化,可以把粒子间碰撞分成弹性碰撞和非弹性碰撞两大类。在弹性碰撞中,参与碰撞的粒子的势能不发生变化。如电子和原子间发生弹性碰撞时,电子只把自己的部分动能交给原子,使两者的运动速度和方向发生变化,而原子不发生电离或激发。在非弹性碰撞中,参与碰撞的粒子的势能发生变化。如具有足够动能的电子和原子碰撞时,原子获得电子交出的动能而被激发或电离,即原子的势能得到增加。

光是一种电磁辐射,光的吸收可以认为是光子与原子或离子等粒子之间的相互作用,或者是它们之间发生了碰撞,这种碰撞也称为辐射碰撞。一般情况下,等离子体中粒子之间的作用是多种多样的,如粒子的激发、电离、复合、电荷交换、电子附着、等离子体辐射等。

无论是自然界还是实验室的等离子体,绝大多数都是发光的,即电磁辐射。除了可见光外,还有看不见的紫外线、红外线、X 射线等辐射。所有这些辐射都是电磁波,只是频率和波长不同而已。

当等离子体中粒子的轨道电子没有被电离时,激发到高能级的电子回到低能级时发出的光辐射,叫作激发辐射,激发辐射是一些分立的辐射;自由电子可以被正离子捕获,离子捕获电子后组成电荷较少的离子或中性原子,而被捕获的电子在这个过程中失去能量而辐射出光子,即复合辐射,由于自由电子有一个速度分布,因此复合辐射光谱是连续谱;当等离子体中带电粒子在静电力的相互作用下发生库仑碰撞时,参与碰撞的粒子产生加速度而辐射出电磁波,这种由库仑碰撞引起的辐射称为韧致辐射,韧致辐射的主要来源是电子与离子碰撞时电子的辐射,韧致辐射是连续辐射,电子能量低于几百电子伏时,韧致辐射可以忽略;处在磁场中的高温等离子体中,带电粒子在围绕磁力线作回旋运动时有向心加速度,因此不断发出辐射,称为回旋辐射,和韧致辐射一样具有连续谱,回旋辐射只在电子能量高于 5keV 的等离子体内才明显。

等离子体作为一个整体呈现出电中性,但其内部却富含电子、光子、基态原子(或分子)、激发态原子(或分子)以及正离子和负离子等活性粒子。等离子体的基本化学过程与这些粒子间的相互作用密切相关,反应过程既丰富又复杂。

1.3 实验设备

大气压等离子体发生器,等离子体电源,各种工作气体,摄像机,流量计,等等。

1.4 实验内容

1. 产生各种大气压气体放电,包括介质阻挡平板放电、介质阻挡同轴放电、射流放电、滑动弧放电、阵列放电。

实验在大气压下开放环境中进行,实验所用的装置由供气、电源、放电及测试四部分构成,如图 1.6 所示[2]。工作气体分别为 Ar、He、N_2、O_2 及混合气、空气等,气体流速由玻璃转子流量计控制。放电配套电源为实验室自制电源,电源频率在 11kHz 附近调节,放电电压大小通过调压器调节。

2. 观察并记录各种放电现象及其演变规律。放电形貌可通过手机或普通摄像机进行采集,典型的放电形貌如图 1.7~图 1.9 所示。

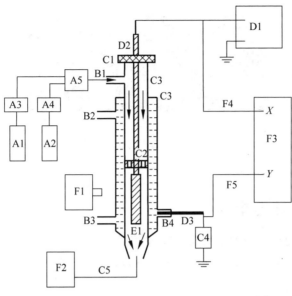

A1、A2—气瓶；A3、A4—流量计；A5—混气瓶；B1—进气口；B2—液体出口；B3—液体入口；B4—液体电极接口；C1、C2—内电极支撑件；C3—石英管；C4—电流取样电阻；C5—光纤；D1—电源；D2—内高压电极；D3—接地液体电极；E1—放电区；F1—相机；F2—光谱仪；F3—示波器；F4—高压探头；F5—电流探头。

图 1.6　DBD 放电及测试实验装置结构示意图

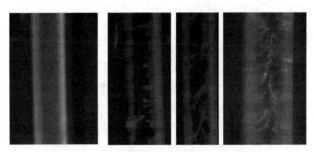

彩图 1.7
和彩图 1.8

图 1.7　同轴介质阻挡放电照片

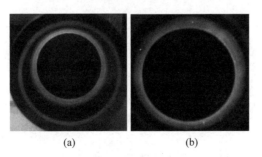

　　　(a)　　　　　　　　(b)

图 1.8 视频

图 1.8　环形介质阻挡放电照片

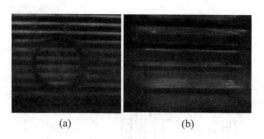

(a)　　　　　　　　　(b)

图 1.9　介质阻挡放电阵列

1.5　实验注意事项

1. 未经允许不得触碰实验装置,以免高压电击;
2. 接通电源前需经老师确认装置连接无误。

1.6　预习思考题

1. 介质阻挡放电中介质的作用?
2. 气体放电发光颜色与什么因素有关?

1.7　实验报告

1. 记录各种气体放电的实验条件及观察到的实验现象;
2. 解释所观察到的实验现象,包括放电形貌和发光颜色等;
3. 基于实验现象及分析结果提炼出 1~2 个科学问题或关键技术以及对策。

实验 **2**

气体放电光谱成像测试及分析

2.1 实验目的

1. 掌握放电发光光谱成像的测试及分析方法。
2. 掌握基于发射光谱的放电机理分析方法。

2.2 实验原理

粒子所处能量最低的能级状态称为基态能级($E_0 = 0$),而其余能级则称为激发态能级,其中能量最低的激发态则称为第一激发态。正常情况下,原子处于基态,其核外电子在各自能量最低的轨道上运动。将一定外界能量如光能提供给基态原子,当获得的外界光能量 E 恰好等于该基态原子中基态和某一激发态的能级能量差 ΔE 时,该原子将吸收这一特征波长的光能量,外层电子则由基态跃迁到了相应的激发态,从而产生原子吸收光谱。

电子跃迁到较高能级后处于激发态,但处于激发态的电子是不稳定的,大约经过 10^{-8} s 后,激发态电子将返回基态或其他较低能级,并将电子跃迁时所吸收的能量以发光的形式释放出去,这个过程产生原子发射光谱。等离子体中激发态粒子从高能级跃迁到低能级时会辐射出光,据此可以获得发射光谱。

通过对发射光谱的分析可以获得大量信息:

(1)通过光谱线的谱峰所在波长(波数或频率),可确定等离子体中所包含的激发态物种,并由此推测等离子体中发生的某些反应;

(2)由光谱线的强度及强度分布,可分析等离子体中相应粒子的浓度、温度等,如由原子的相对光强计算激发温度,由多普勒展宽计算离子温度,由 Stark 展宽可以计算电子密度;

(3)由光谱线的线型,可分析等离子体中的物种类型及其中发生的一些过程,如原子中电子能级跃迁对应的光谱为线状光谱,分子中电子能级跃迁对应的光谱为带状光谱。

固态成像器件是新一代的光电转换检测器,它是一类以半导体硅片为基材的光敏元件制成的多元阵列集成电路式的焦平面检测器,属于这一类的成像器件,目前较成熟的主要是电荷注入器件(CID)、电荷耦合器件(CCD)。CCD器件的整个工作过程是一种电荷耦合过程,因此这类器件叫作电荷耦合器件。ICCD(intensified CCD)是带有像增强功能的CCD相机,一般由像增强器和CCD相机组成。像增强器由光阴极、微通道板、荧光屏组成。在荧光屏-微通道板、微通道板、微通道板-荧光屏之间存在高电压。光子打到光阴极后产生光电子,光电子进入微通道板后被倍增,放大后的电子束打在荧光屏上成像。此时的像为增强后的影像,然后经光纤锥耦合到CCD上对像进行记录。

光致发光和拉曼光谱是材料研究的重要技术手段,但样品可能具有多种形状和大小,或不易移动。采用光纤耦合、能够适合特殊样品的光学探头进行探测显得尤为重要。由光纤耦合的探头、Andor光谱仪及ICCD探测器组成的模块化光谱成像测试系统,可进行在线、远程的光致发光和拉曼分析测量,大大拓展了测量系统的灵活性。

在低温等离子体技术领域,成像光谱仪常被用于等离子体成分分析,尤其是氧相关活性粒子的生成及含量分析,配合ICCD则可捕捉大气压介质阻挡放电、等离子体射流等演化过程,以及进行时间分辨光谱特性变化过程研究。

在ICCD连到光谱仪后如果要看狭缝的成像就要在光谱仪选项中把中心波长设为0nm,即让光谱仪工作在零级衍射,此时光栅不会按波长进行分光,能把大部分通过狭缝的光都射到CCD上。将中心波长设为0(此时光栅相当于反射镜),此时进入成像模式可对狭缝或发光体进行成像。

2.3　实验设备

大气压等离子体发生器,等离子体电源,光谱仪,ICCD,计算机,各种工作气体,流量计,等等。

2.4　实验内容

1. 测试各种气体放电不同条件下的光谱

如实验1中的图1.6所示进行装置连接,装置由供气系统、电源系统、放电系统及发射光谱测量系统四部分组成。工作气体分别为 Ar、He、N_2、O_2 及混合气、空气等,气体流速由玻璃转子流量计控制。放电发射光谱是通过伸入放电区附近的光纤将放电发光导入光谱仪而获得,光谱仪狭缝宽和采样间隔依据数据采集精度要求进行设置,光谱数据采集波长范围设置为 $190\sim850nm$。

2. 对测得的光谱数据进行处理分析

对于介质阻挡放电,放电过程中出现大量丝状电流脉冲的同时伴随着明显的发光现象。由于发光过程携带着大量的微观信息(如电子跃迁),因此对放电中的发光进行光谱研究,可以从微观上即原子分子角度对放电的机理及应用进行较深入的研究。图 2.1 为 Ar 气体放电发射光谱[2],光谱中包含了大量的光辐射信息及相应的物种信息。从图中看出放电辐射出了大量的紫外光、可见光及红外光,即在 $300\sim400nm$ 及 $690\sim850nm$ 波长出现大量的高强度谱峰。由于放电是在开放的大气压环境下进行的,因此放电管中尤其放电管出口处仍然会含有一定量的 N_2。由光谱中谱峰对应出现的粒子可进而分析放电机理,推测放电过程中发生的主要物理、化学反应。

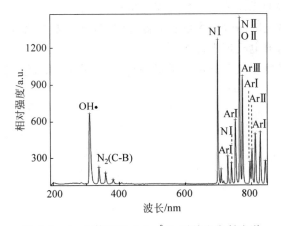

图 2.1　Ar 气体流速 $0.1m^3/h$ 时放电发射光谱

3. ICCD 光谱成像测试

软件设置为光谱模式,对等离子体发光进行时间分辨测试,设置合适的门宽和 cycle time、gain 等参数,采集时间分辨光谱并加以分析。

软件设置为成像模式,将光谱仪中心波长设为 0,设置合适的曝光时间,先采集狭缝的成像,熟悉使用方法后,采集放电的时间分辨图像并加以分析。

2.5 实验注意事项

1. 未经允许不得触碰实验装置，以免被高压电击，通电前需教师确认；
2. 光谱仪要轻拿轻放，光纤不能过度弯曲，否则易断；
3. ICCD 入射光强度注意不能太强且增益设置值不能太大以免烧坏 CCD。

2.6 预习思考题

1. 发射光谱有什么特征？
2. 光谱和放电发光颜色有什么关系？

2.7 实验报告

1. 记录各种气体放电不同条件下的光谱；
2. 对测得的光谱数据进行处理分析；
3. 记录放电时间分辨光谱及成像，并分析其动力学规律；
4. 尝试对放电机理进行解释；
5. 基于实验现象及分析结果提炼出 1～2 个科学问题或关键技术以及对策。

实验 3

等离子体放电中示波器的高级应用

3.1 实验目的

1. 掌握放电电压电流波形的示波器测试分析方法。
2. 掌握基于李萨如图形的放电功率示波器测试分析方法。

3.2 实验原理

3.2.1 电压电流波形

实验 1 中的图 1.5 所示为常见的平板介质阻挡放电装置示意图,由放电电极、绝缘介质、高压电源等构成,并且绝缘介质覆盖在一个电极上或悬挂在放电空间。在两电极间施加正弦或脉冲高压并且电压值足够大时即可产生放电。施加不同的电压波形及频率时产生的放电现象及强度都不同,因此需要通过测试电压电流波形对放电状态进行监测分析并调整放电参数以获得最佳状态。放电所用的电源通常电压都比较高且频率也比较高,因此电压的测量需要使用专门的快速高压探头(1000∶1)。电流则由于单次放电通道持续时间很短而随时间快速变化,因此需要用专门的电流探头进行检测。

3.2.2 李萨如图形测试计算放电功率

利用 V-Q 李萨如(Lissajous)图形法测量 DBD 等离子体的放电参量,就是将一无损耗标准测量电容器串入 DBD 装置的接地端,通过对外加激励电压及测量电容器上积累电荷量的测量,可以在示波器上获得一个 V-Q 图形。在较低频率(小于 20kHz)时该图形是一个平行四边形,该平行四边形的面积就是 DBD 等离子体在一个周期内的功率损耗。

采用 V-Q 李萨如图形法测量放电功率的原理如图 3.1(a)所示[9]。电极间施加的高电压由高压探头进行检测,附加电容 C_M 用来测量放电输送的电荷量 Q,C_M 两端的电压为 V_M。放电时流过回路的电流为

$$I = C_M \frac{dV_M}{dt}$$

放电功率表达为

$$P = \frac{1}{T} \int_0^T VI\,dt = \frac{C_M}{T} \int_0^T V \frac{dV_M}{dt}\,dt = fC_M \oint V\,dV_M$$

把分压器所得电压信号及 C_M 上的电压 V_M 分别加到示波器的 X-Y 轴上就可以得到一条闭合曲线,闭合曲线内的面积正比于一个周期 T 内消耗的放电能量。因为 V_M 正比于 C_M 上的电荷量,所以闭合曲线形成 V-Q 李萨如图形,外施加工频电压时,李萨如图呈平行四边形,如图 3.1(b)所示[10]。电源工作频率越低,所得的平行四边形越理想,而当频率高于几十 kHz 时,V-Q 图形会逐渐变成一个椭圆。

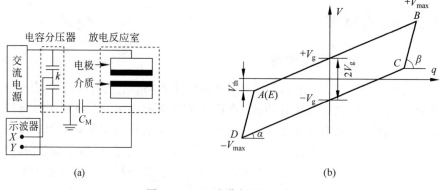

图 3.1 V-Q 李萨如图形测量

(a)介质阻挡放电电压及电荷测量;(b)V-Q 李萨如图形

设示波器 X 轴的灵敏度为每格 k_x 伏;Y 轴灵敏度为每格 k_y 伏;高压探头的变比为 k,而李萨如图形所围面积为 A,电源频率为 f,则放电功率计算为

$$P = fC_M k_x k_y kA$$

由于 V-Q 图形的几何参数与 DBD 装置的物理结构及运行状态密切相关,因此还可以得出放电间隙等效电容、电介质层等效电容、着火电压、间隙电压、峰值电压及放电间隙电场强度、折合电场强度等放电参量,并根据 V-Q 图形随工作条件及状态的变化还可以判断 DBD 等离子体的工作稳定性及其变化规律。

外加电压为低频时,放电过程中气体间隙具有稳压二极管的特性,因此气隙放电电压 V_g 基本不变。图 3.2(a)为介质阻挡放电装置的等效电路

图[10]，其中 C_g 为放电间隙等效电容，C_s 为电介质层等效电容，V_g 为放电间隙等效电压。如果在 DBD 装置上施加的电压为正弦波，则在低频情况下，激励电压的一个周期可分为 A-B，B-C，C-D，D-E 四个工作阶段。

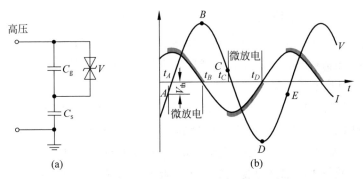

图 3.2　DBD 等效电路(a)及电压电流波形图(b)

通常条件下，DBD 是由大量微放电脉冲组成的，这些微放电脉冲会叠加到 DBD 装置的工作电流上引起工作电流的畸变。因此，利用电流电压波形测量 DBD 放电参量是十分困难的。如果在放电装置的接地端串入一只无损耗测量电容器，利用电容的积分特性就可以将包含大量微放电电流脉冲的电流波形转换成电容器上平滑的电压波形，将该电容器上的电压信号与激励电压信号同时送到示波器的 X-Y 轴上，将得到一个平行四边形，其四条边分别对应于图 3.2(b)中的四个阶段[10]。

V-Q 图形中，A-B，C-D 为微放电发生阶段。在这一阶段内，微放电的数量随激励电压和频率的增加从几 kHz 扩展到几 MHz。这些数量庞大的微放电脉冲均匀地分布于整个放电空间内，其集体效应的结果是在宏观上表现出明显的齐纳二极管效应，即放电间隙内的等效电压保持恒定。B-C，D-A 为微放电截止阶段，在该阶段内反向电流为电介质电容充电，在电介质表面积累大量电荷从而为下半周期的微放电积累能量。A、C 两点为微放电截止到发生的临界电压值(着火电压)，B、D 两点为微放电发生到截止的转换电压，其值为外加电压的正、负峰值。

由此，利用 V-Q 图形可以推导出放电间隙等效电压、放电间隙等效电容、电介质层等效电容和放电功率等许多表征 DBD 集体效应的放电参量。

3.3　实验设备

大气压等离子体发生器，等离子体电源，示波器，电压电流探头，计算机，各种工作气体，流量计，等等。

3.4 实验内容

1. 放电电压电流测试分析

利用混合域示波器(Tektronix,MDO3000)、快脉冲高压探头(Tektronix,P6015A)、电流探头(Tektronix,P6021 或 TCP202A),实时记录各种放电在不同条件下的电流电压情况。

以介质阻挡放电为例,DBD 放电装置采用典型的板-板结构,如图 3.3(a)所示,由两个直径 40mm 的平板电极和直径 100mm 厚度 2mm 的石英板构成,放电间隙为 5mm。当施加在 DBD 上的峰值电压为 12.7kV 且频率为 10kHz 时获得了较强烈且稳定的放电。此时的放电照片和放电电压电流波形分别如图 3.3(b)和(c)所示,放电照片和波形均显示为明显的丝状放电[11-12]。对于其他放电如电晕放电、射流放电等,参照上述操作进行测试分析。

彩图 3.3
和彩图 3.4

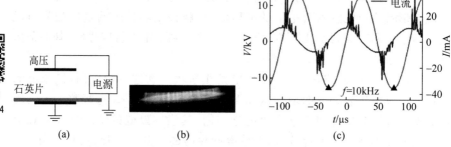

图 3.3 放电装置结构图(a)、放电照片(b)和电压电流波形(c)

2. 基于李萨如图形的放电功率测试分析

采用 V-Q 李萨如图形法测放电功率量。在外电极和电源接地端之间串联一个 $1.0\mu F$ 的高频电容,由于电容两端电压与电极上储存的电荷量相对应,通过测量电容两端电压即可计算放电输送的电荷量。将测得的放电电压信号和电容两端的电压信号分别加到示波器的 X-Y 轴上即可得到一条闭合曲线,如图 3.4 所示,闭合曲线内的面积正比于一个周期 T 内放电中消耗的能量,据此可计算出放电功率。按上述方法,分别测试各种气体放电在不同条件下的李萨如图形。

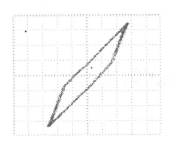

图 3.4　典型的介质阻挡放电李萨如图形

3.5　实验注意事项

1. 未经允许不得触碰实验装置,以免高压电击;
2. 接通电源前需经老师确认装置连接无误。

3.6　预习思考题

1. 电压电流波形测试对探头有什么要求,普通探头可否实现?
2. 施加的电压为脉冲方波时如何测试李萨如图形及功率怎么计算?

3.7　实验报告

1. 记录各种放电条件时的电压电流波形并对其进行分析;
2. 记录各种放电条件时的李萨如图形,计算放电功率,分析图形中各放电阶段并计算放电参量;
3. 基于实验现象及分析结果提炼出 1～2 个科学问题或关键技术以及对策。

实验 4

半导体泵浦固体激光实验

4.1 实验目的

1. 了解半导体激光器工作原理。
2. 测量半导体激光泵浦源工作特性。
3. 掌握半导体泵浦固体激光器结构、激光输出条件以及光路的搭建。
4. 了解光学谐振腔的作用及稳定条件。

4.2 实验原理

　　由于高功率半导体激光器技术的飞速发展,使得在高功率二极管泵浦固体激光器研究方向上的重大突破成为可能。使用半导体激光器作为固体激光器的泵浦源自从半导体激光器发明以来一直都是研究的热点,由于它具有效率高、光束质量好、结构紧凑等特点,使得研发出高功率全固态激光器成为可能,这种全固态激光器以其优异的性能在许多方面将得到广泛的应用。虽然半导体泵浦固体激光器的优点很早以前就被人们认识到了,但是由于其泵浦源半导体激光器在可靠性、可操作性、使用寿命、输出功率等方面上的限制,使它一直未能得到充分的发展,直到近几年来高功率半导体激光器的出现才使它的优点真正得以充分体现。随着高稳定性和高可靠性高功率半导体激光器的发展,二极管泵浦的固体激光器也同时取得了巨大的进步[13]。

　　本实验中囊括了半导体激光器的基础知识,以及固体激光器的谐振腔调节、晶体认知等多项训练内容。此实验在光学实验里的调节难度属于中高等,掌握此实验的调节技巧对以后在光学领域的深入研究有重要意义。

4.2.1 半导体激光原理

半导体激光器(semiconductor laser)是利用半导体中的电子跃迁引起

光子受激辐射而产生的光振荡器和光放大器的总称。早在 1957 年这种想法就被提出,1962 年在最早的半导体激光器 GaAs 激光器中观察到了低温脉冲激射,1970 年完成了室温连续激射,半导体激光器得到了显著发展[14]。

绝大多数半导体具有晶体结构,当大量原子规则而紧密地结合成晶体时,根据固体的能带理论,半导体材料中电子的能级形成能带。晶体中的价电子都处在晶体能带上。价电子所处的能带称价带(对应较低能量),而与价带最近的高能带称导带,能带之间的空域称为禁带。

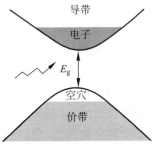

如图 4.1 所示,当外加电场时,价带中电子跃迁到导带中去,在导带中可以自由运动起导电作用。同时,价带中失掉一个电子,则相当于出现一个带正电的空穴,空穴在外电场的作用下也能起导电作用。因此价带中空穴和导带中的电子都有导电作用,统称为载流子。

图 4.1　半导体激光原理

彩图 4.1
和彩图 4.3

在半导体物质的能带(导带与价带)之间,或者半导体物质的能带与杂质(受主或施主)能级之间,通过一定的激励方式,可实现非平衡载流子的粒子数反转。当处于粒子数反转状态的大量电子与空穴复合时,会以光辐射的形式向外界释放能量,该现象被称作半导体受激辐射,这便是半导体激光器的发光原理。

4.2.2　半导体激光激励方式

常用的半导体激光器的激励方式主要有三种:电注入式、光泵式和高能电子束激励式。

1. 电注入式半导体激光器,一般是由砷化镓(GaAs)、硫化镉(CdS)、磷化铟(InP)、硫化锌(ZnS)等材料制成的半导体面结型二极管,沿正向偏压注入电流进行激励,在结平面区域产生受激发射。

2. 光泵式半导体激光器,一般用 N 型或 P 型半导体单晶(如 GaAs,InAs,InSb 等)作工作物质,以其他激光器发出的激光作光泵激励。

3. 高能电子束激励式半导体激光器,一般也是用 N 型或者 P 型半导体单晶(如 PbS,CdS,ZnO 等)作工作物质,通过由外部注入高能电子束进行激励。

本实验中的 808nm 半导体激光器所采用的激励方式为电注入式。

4.2.3 半导体激光器的阈值特性

阈值特性是所有激光器都具有的特性,它标志着激光器的增益与损耗(包括内部损耗和输出损耗)的平衡点,即阈值以后激光器才开始出现净增益。当光在腔中传播时,除了受激辐射过程对光的增益外,还会经历各种损耗。只有当增益大于所要克服的损耗时,光才能被放大或者维持振荡。

由激光器增益和损耗决定的阈值可表示为

$$G_{th} = a_i + a_{out}$$

式中,G_{th} 为阈值增益;a_i 为内部损耗因子,主要包括衍射、自由载流子等引起的非特征吸收等各种半导体激光谐振腔的内部损耗;a_{out} 是激光输出损耗因子,是由端面部分反射系数 R_1、R_2 所引起的损耗。

当激光器达到阈值时,光子从每单位长度介质所获得的增益必须足以抵消由于介质对光子的吸收、散射等内部损耗和从腔端面的激光输出等引起的损耗。显然,尽量降低光子在介质内部的损耗,适当增加增益介质的长度和对非输出腔面镀以高反射膜,都能降低激光器的阈值增益。

除了阈值增益外,激光器在阈值点所对应的其他参数,如注入电流、注入载流子浓度等,均能作为阈值条件。半导体中的粒子数反转可以作为阈值的条件,但是半导体作用区的粒子反转数难以确定,而粒子数的反转通常是靠外加注入电流实现的,因此增益系数是随注入的工作电流 I 变化的,因此阈值振荡条件可以用电流密度表示,也可理解为:由于半导体激光器是直接注入电流的电子-光子转换器件,因此其阈值特性用阈值电流密度 J_{th} 来表征。处于工作状态下的半导体激光器注入电流密度低于 J_{th} 时,发光效率很低,曲线斜率很小,因为激光器工作在自发辐射区,激光器的增益低于损耗;而当注入电流密度大于 J_{th} 时,发光功率迅速增加,光输出功率随电流陡然上升。

阈值电流密度 J_{th} 常用于不同半导体激光器结构性能的比较,对于一台半导体激光器而言,总是希望它具有较低的 J_{th}。但在测量半导体激光器的 J_{th} 时,必须精确测量正在注入电流的激光器的面积 A,这给 J_{th} 的测量带来了一些难度,所以也常用可以直接测量的参数阈值电流 I_{th} 来评定激光器的性能。阈值电流 I_{th} 与阈值电流密度 J_{th} 满足关系 $I_{th} = J_{th} \cdot A$。

4.2.4 半导体激光器 *P-I* 特性

半导体激光器的总发射光功率 P 与注入电流 I 的关系曲线称 *P-I* 特性曲线。随着电流增大到一定程度时,激光二极管从一开始的自发辐射变为受激辐射。

该过程中的重要参数是开始从自发辐射变为受激辐射时的精确电流值,即阈值电流 I_{th},I_{th} 的数值越小,半导体激光器的性能越优良。

当注入电流 I_f 从 0 增加到 I_{th} 时,半导体激光器受激辐射产生激光,之后随着电流的增大,激光器功率迅速增大,其输出特性曲线如图 4.2 所示。

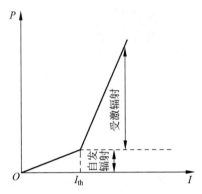

图 4.2 半导体激光器的 $P\text{-}I$ 特性曲线

从理论上讲,当半导体激光器工作在额定范围内时,输出光功率 P 与注入电流 I_f 呈严格线性的关系,其一阶微分曲线为常数,即一条近似水平的直线。如果一阶微分曲线不够平滑,那么该半导体激光器有缺陷,当半导体激光器工作在出现一阶微分曲线非平滑处的驱动电流点时,其输出光功率与驱动电流值不呈线性关系。

半导体激光器的正常工作范围即受激辐射区的斜率 $\dfrac{\Delta P}{\Delta I_f}$,根据半导体激光器种类的不同而有所差异,具体而言与半导体激光器工作温度和内部结构的尺寸、折射率及损耗相关,当半导体激光器加工完成后,在正常工作温度下,上述参数基本保持恒定。

由于输入电流与输出光功率呈严格线性关系,半导体激光器具有易于调制的重要特性,即可以通过调制输入电流,对半导体激光器的输出光强进行直接调制,该特性在激光通信等领域具有重要应用。

4.2.5 半导体泵浦固体激光器结构

在二极管泵浦固体激光器中最常被采用的两种典型的泵浦方式为侧面泵浦与端面泵浦,因此根据泵浦方式不同,激光器的结构也分为以下两种。

1. 侧面泵浦结构

如图 4.3 所示,半导体激光器沿激光晶体轴向方向排列,泵浦光的入射方向与产生的激光振荡方向垂直。侧面泵浦方式下,泵浦光可以通过光学微透镜,或通过光纤或者直接耦合到激光晶体中。侧面泵浦产生的激光输出功率大,但是光束质量较差,一般为多横模输出。

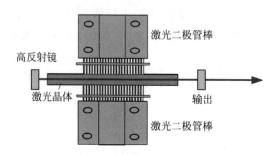

图 4.3   侧面泵浦激光器结构

2. 端面泵浦结构

如图 4.4 所示,半导体激光器的输出光在经过一组准直聚焦透镜后从晶体的端面入射到晶体中,泵浦光的入射方向与产生的激光振荡方向一致。端面泵浦结构可以把大部分泵浦光有效地耦合到基模激光 TEM_{00} 模体积中,这使得端面泵浦激光器相对于侧面泵浦而言,效率更高且光束质量更好。

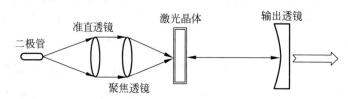

图 4.4   端面泵浦激光器结构

在精密工业应用中,往往要求激光输出光束质量好,端面泵浦产生的基模光可以聚焦得到接近衍射极限的光斑,有利于提高加工精度。高光束质量基模高斯光束也有利于有效地实现倍频和三倍频。

本实验中的半导体泵浦固体激光器采用端面泵浦,其结构即为图 4.4 中所示的端面泵浦结构。结构包含 3 个部分:①**固体激光器增益介质**,Nd:YAG 激光晶体;②**泵浦源及端面耦合系统**,半导体激光器,即图 4.4 中二极管、准直聚焦透镜和聚焦透镜;③**谐振腔**,由图 4.4 中激光晶体的右侧端面和输出透镜组成。

半导体泵浦固体激光器的 3 个组成部分用来满足产生激光的 3 个必要条件:增益介质用来实现受激发射必要条件——高低能级粒子数反转分布;

泵浦源及耦合系统使系统的光学增益大于损耗；谐振腔实现光学正反馈，用来放大系统的受激发射。上述 3 种结构对于激光器而言缺一不可，下面将分别对 3 个部分的原理展开叙述。

4.2.6　固体激光器增益介质

在过去 40 年里，人们发现了许多种可作为激光器增益介质的高效激光材料。这些被用作固体激光增益介质的激光材料必须具备特定的物理化学和光学特性，这些特性是由晶体材料本身的特性、掺杂的激活离子以及晶体材料和掺杂离子相互作用等共同决定的。

根据激光器应用要求的不同，需选择具有不同特性的激光材料。在实际的激光器设计中，除了吸收波长和出射波长外，选择激光晶体时还需要考虑掺杂浓度、上能级寿命、热导率、发射截面、吸收截面、吸收带宽等多种因素。

对于大多数固体激光器而言，其受激辐射过程所要求的材料特性可采用掺有正离子的特定激光材料来实现，现在包括各种掺钕材料和掺铬材料在内，至少有 40 多种激光材料能够用于固体激光器。

作为一种激光材料掺杂离子的三价稀土元素离子钕离子 Nd^{3+}，在历史上首先被应用于固体激光器增益介质掺杂，但直到现在也是最常用最受欢迎的激光材料掺杂离子，Nd^{3+} 离子在 808nm 谱线附近有一个吸收峰，这恰好与高功率 AlGaAs 半导体激光器输出光谱能很好地匹配。

常见的两种用于半导体泵浦固体激光器的掺杂 Nd^{3+} 材料为 Nd：YAG 晶体和 $Nd：YVO_4$ 晶体。

1. Nd：YAG 晶体

Nd：YAG 晶体的吸收光谱如图 4.5 所示，Nd：YAG 晶体中的 Nd^{3+} 离子在 808nm 处有一强吸收峰。

选择波长与之匹配的泵浦源，就可实现光谱匹配从而获得高的输出功率和泵浦效率。

2. $Nd：YVO_4$ 晶体

相比于 Nd：YAG 晶体，$Nd：YVO_4$ 晶体上能级寿命短，而在 1064nm 和 1342nm 处有更大的受激发射截面，并在 808nm 附近有更大的吸收带宽和吸收系数，因此有利于半导体泵浦产生低阈值、高效率的 1064nm 和 1342nm 激光。

$Nd：YVO_4$ 晶体对抽运源的波长稳定度要求低，因此半导体泵浦源在规

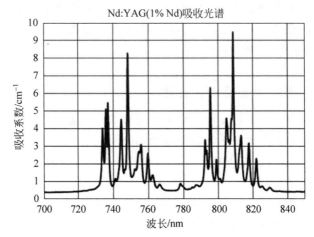

图 4.5 Nd:YAG 晶体吸收光谱

格上具有更大的选择空间,这将为激光器生产节省更多的制造成本。

Nd:YVO$_4$ 的另一重要特点是它属单轴晶系,可以直接产生线偏振输出的 1064nm 激光,能有效地避免退偏损耗,而 Nd:YAG 是高匀称性的正方晶体,无此特性。

因此虽然 Nd:YVO$_4$ 的荧光寿命是 Nd:YAG 的 1/2.7 左右,但是因为 Nd:YAG 具有较高的泵浦量子效率,所以在设计理想的光腔中可获得相当高的斜率效率。

在本实验中采用的固体激光器增益介质即为 Nd:YVO$_4$ 晶体。

4.2.7 泵浦源及端面耦合系统

作为泵浦源的半导体激光器有非常值得注意的一点,其激光输出受工作温度的影响,随着温度变化其输出激光波长会产生漂移,输出功率也会发生变化。因此为了获得稳定的波长,需保持半导体激光器工作温度恒定,使其工作时的输出波长与 Nd:YVO$_4$ 的吸收峰匹配。

在实际使用中,由于泵浦源半导体激光器的光束发散角较大,为使其聚焦在增益介质上,必须对泵浦光束进行光束变换(耦合)。端面泵浦耦合通常有直接耦合和间接耦合两种方式。

4.2.8 光学谐振腔的作用、损耗及稳定条件

光学谐振腔有两个方面的作用。①产生和维持激光振荡。光学谐振腔的作用首先是增加激光工作介质的有效长度,使得受激辐射过程有可能超

过自发辐射成为主导；同时提供光学正反馈,使激活介质中产生的辐射能够多次通过介质,并且使光束在腔内往返一次过程中由受激辐射所提供的增益超过光束所承受的损耗,从而使光束在腔内得到放大并维持自激振荡。②激光束的特性和谐振腔的结构有着不可分割的联系,谐振腔可以对腔内振荡光束的方向和频率进行限制,以保证输出激光的高单色性和高方向性。通过调节光学谐振腔的几何参数,还可以直接控制光束的分布特性、光斑大小、振荡频率以及光束发散角等。

光学谐振腔具有光学正反馈的作用,但同时也存在各种损耗。损耗的大小是评价谐振腔的重要指标,在激光振荡过程中,光学损耗的大小决定了激光振荡的阈值、达到稳定振荡状态腔内的光强,以及激光的输出能量等。损耗有几何损耗、衍射损耗、输出腔镜的透射损耗、非激活吸收损耗、散射损耗。①几何损耗：根据几何光线的观点,激光在腔内的往返传播过程可以用近轴光线来描述。光在腔内的往返传播时,一些不平行于光轴的光线在某些几何结构的腔内经过有限次往返传播后,有可能从腔的侧面偏折出去,即使平行于光轴的光线也仍然存在偏折出腔外的可能,这种损耗成为腔的几何损耗。几何损耗的大小首先取决于腔的类型和尺寸,稳定腔内近轴光线的几何损耗为零,而非稳定腔则有较高的几何损耗。②衍射损耗：根据波动光学的观点,由于反射镜的尺寸有限,光波在腔内往返传播时,必然因腔镜边缘的衍射效应而产生损耗。如果腔内还有其他光学元件,还应考虑其边缘或孔径的衍射引起的损耗。这类损耗称为衍射损耗。损耗的大小和腔的几何参数、菲涅耳数与横模阶次有关。③输出腔镜的透射损耗：通常稳定腔至少有一个反射镜是部分透射的,以获得必要的激光输出,这部分有用损耗称为光腔的透射损耗,它与输出镜的透射率有关。④非激活吸收损耗、散射损耗：激光通过腔内光学元件以及达到反射镜表面时,会发生吸收、散射而引起的损耗。此外,激活介质材料会对光造成非激活吸收损耗,介质的不均匀性和缺陷会造成散射损耗。

如果光线在谐振腔内往返任意多次也不会横向溢出腔外,这样的谐振腔就称为稳定腔。反之,如果任一光束都不可能永远存于腔内,经过有限次往返后必将横向溢出腔外,则称为非稳定腔。此外,如果腔内存在某些特定的近轴光线可以往返传播而不溢出,即介于稳定腔和非稳定腔之间,则称为介稳腔。由此可见,分析光学谐振腔的稳定条件,其实质是研究光线在腔内往返传播而不溢出腔外的条件。

本实验中 $Nd:YVO_4$ 激光晶体的一面镀泵浦光增透和输出激光全反射膜作为输入镜,曲率半径 200mm 的凹面镜镀激光部分反射膜作为输出镜,形成如图 4.6 的典型平凹腔型结构。这种平凹腔容易形成稳定的输出模,同时具有高的光转换效率,但若能稳定输出激光,必须满足稳定腔条件和模式匹配条件。

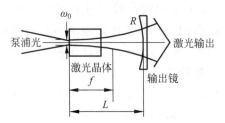

图 4.6　端面泵浦的激光谐振腔结构

当谐振腔中的 g 参数满足 $0 < g_1 \cdot g_2 < 1$ 时为稳定腔,其中

$$g_1 = 1 - \frac{L}{R_1} \tag{4.1}$$

$$g_2 = 1 - \frac{L}{R_2} \tag{4.2}$$

式中,L 为谐振腔腔长;R_1 为谐振腔左边腔镜曲率半径;R_2 为谐振腔右边腔镜曲率半径。本实验中谐振腔左边腔镜为平面镜,曲率半径 R_1 无穷大,则 $g_1 = 1$,因此当腔长 $L < R_2 = 200\text{mm}$ 时,该谐振腔属于稳定腔。根据几何损耗,当腔长大于 200mm 时,几何损耗会增大,因此,转换效率会降低,激光阈值会增大。

4.3　实验设备

半导体激光器,激光功率计,90mm 导轨,光纤耦合聚焦镜头及架座,$T = 3\%$ 或 8% 输出片,激光晶体,激光护目镜,红外显示卡,等等。

4.4　实验内容

1. 半导体激光器 *P-I* 特性测量

(1) 按照图 4.7 搭建光路,功率计紧贴耦合镜,最大限度地保证所有光都进入功率计。

(2) 开启功率计,调节功率计的测量波长为 808nm,量程选择 A(自动),长按旋钮对功率计归零。

(3) 逆时针旋转调节泵浦源电流调节旋钮,确保开启电源后输出电流为

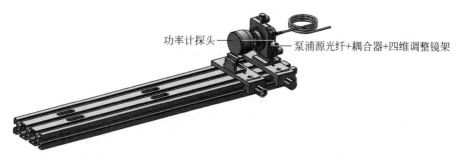

图 4.7　泵浦源特性测量装配图

零。打开泵浦源的电源开关和按钮开关。缓慢调节电流旋钮,观察功率计的示数,找出激光器功率开始明显增大时的电流值。后续测量 P-I 特性曲线时,此电流值附近的电流取样点要密集。自拟表格,记录在不同的电流下激光功率计的示数。

2. 半导体泵浦固体激光器的光路搭建与调节

半导体泵浦固体激光器的光路参照图 4.8 进行搭建。

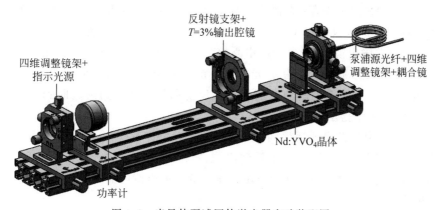

图 4.8　半导体泵浦固体激光器实验装配图

(1) 调节指示激光水平:将指示光放在导轨的一端,激光晶体 Nd:YVO$_4$ 放在导轨上,将激光晶体 Nd:YVO$_4$ 放在指示光源前约 80mm 处,调节指示光源的水平和竖直旋钮,使指示光源的光打在激光晶体 Nd:YVO$_4$ 中心;将激光晶体 Nd:YVO$_4$ 移动到指示光源前约 300mm 处,调节指示光源的俯仰和偏摆旋钮,使指示光源的光再次打在激光晶体中心。重复以上步骤,直到指示光源可同时在距离激光晶体 Nd:YVO$_4$ 为 80mm 和 300mm 处都打在激光晶体 Nd:YVO$_4$ 中心且出射光斑为完整圆斑,此时指示激光的水平调节完毕,此后调节过程中不再调节指示激光,从导轨上取下激光晶体。

（2）耦合：在导轨的另一端插入耦合镜,泵浦源光纤与耦合镜相连,使泵浦光通过光纤耦合到耦合镜输出。

（3）调节耦合镜与指示激光垂直：打开指示激光光源,固定好耦合镜的位置,使指示激光打在耦合镜中心,调节耦合镜的俯仰、偏摆旋钮使反射回指示激光的光斑回到指示激光的出光口。若环境光比较强,看不到耦合镜的反射光斑,则可以借助白色小纸片在指示激光出光口附近辅助寻找观察反射光斑位置进行调节或者通过人眼判断调节俯仰偏置与指示光源的四维调整架平行。（此调节要求不高,保证泵浦源的光比较水平地传输,加入输出镜后能覆盖输出镜即可,待后续调出 1064nm 激光后可再优化。）

（4）调节晶体位置：在耦合镜后方放入 Nd:YVO$_4$ 激光晶体,把晶体镀有 808nm 高透膜和 1064nm 高反膜的一面朝向耦合镜,关闭指示激光,开启泵浦源,电流调至 1A,调节 Nd:YVO$_4$ 晶体的前后位置,使泵浦光的焦点处于激光晶体前表面往后 1mm 左右。调节耦合镜的上下左右调节旋钮,使泵浦光照射在晶体前表面的中心,用红外显色卡在晶体后观察,保证出射光斑为完整的圆形。

（5）调输出镜垂直：在激光晶体后插入 $T=3\%$ 输出镜,输出镜的镀膜面朝向激光晶体 Nd:YVO$_4$ 的方向,用红外显色卡观察泵浦源的圆形光斑是否能覆盖输出镜,若光斑偏离中心较多,则重新调节耦合镜。若能覆盖输出镜,关闭泵浦源,打开指示光源,调节输出镜与激光晶体间距离小于100mm,调节输出镜的俯仰偏摆旋钮使反射回指示激光的圆斑回到指示激光出光口,关闭指示激光。

（6）将泵浦源电流调整到 1A,微调输出镜俯仰偏摆,在输出镜后用红外显色卡的橙色部分观察,直至看到出现一个小亮斑,即调出 1064nm 激光。刚出现激光时可能光斑是长条形的,继续微调输出镜的俯仰偏摆,使得激光光斑比较圆。

（7）激光光斑位置优化调节：用红外显色卡观察小亮斑是否在大光斑的中心附近,若不在中心附近,则应该依次调节 Nd:YVO$_4$ 激光晶体与导轨的垂直度和输出镜的俯仰和偏摆,把亮斑调到中心附近。

（8）把功率计波长切换至 1064nm,用功率计测量 1064nm 激光功率。注意：测量时为减小泵浦光源的影响,功率计应尽可能远离泵浦源。

（9）激光输出功率优化调节：微调激光晶体的位置,观察激光功率变化,找出最佳的晶体位置。再依次微调耦合镜、输出镜的旋钮,使输出功率最大。

3. 腔长对固体激光器阈值和稳定特性的影响

（1）参照 4.4 节中 2 部分的调节方法,使用 $T=3\%$ 或者 $T=8\%$ 输出镜,保持泵浦源功率不变(泵浦源功率保持在 350mW 左右为宜),通过改变输出镜的位置从而改变激光器的腔长,记录不同腔长下的 1064nm 激光最大输出功率。

(2)通过改变输出镜的位置从而改变激光器的腔长,在不同腔长下测量 1064nm 激光的泵浦阈值。(阈值的判断方法是通过红外显色卡刚好可以观察到 1064nm 亮斑时的泵浦功率。)

4.5　实验注意事项

1. 在调出 1064nm 激光前,应关闭指示光源,并用不透光物体挡光,以免 1064nm 强激光损坏指示光源。

2. 尽可能使泵浦源、激光晶体和输出镜的中心处在同一水平线上。

3. 红外显色卡要随时晃动,因为其成分为化学物质,需要恢复时间。长时间照射同一地方不利于观察光斑。

4. 因为 808nm 和 1064nm 的激光属于红外光,不可直视激光,以免损伤眼睛,实验时要注意佩戴防护眼镜。

4.6　预习思考题

1. 在激光器中,光学谐振腔的作用是什么? 其主要存在哪些损耗?
2. 什么是稳定腔和非稳定腔? 稳定腔一般要满足什么条件?

4.7　实验报告

1. 根据记录的数据,绘制泵浦源的 P-I 曲线图,根据功率的转折点找出激光器的阈值电流。

2. 对阈值电流后的实验数据进行拟合并分析。

　　　拟合公式:＿＿＿＿＿＿＿＿＿＿,拟合系数 $R^2 =$ ＿＿＿＿＿＿＿。

3. 调任意电流,对比拟合理论值与实际值,并且分析造成误差的原因。
4. 绘制腔长与输出功率的关系曲线,分析腔长对输出功率的影响。
5. 绘制腔长与阈值功率的关系曲线,分析腔长对阈值功率的影响。

实验 5

液晶光学双稳态

5.1 实验目的

1. 了解光学双稳态现象、原理及其应用前景。

2. 掌握非线性光学元件——液晶光阀的工作原理、电光特性,并利用它实现光学双稳态。

3. 学习利用偏振片调节光强的方法,加深对马吕斯定律的理解。

5.2 实验原理

自 1974 年吉布斯首次利用法布里-珀罗(Fabry-Perot, F-P)标准具内充满饱和吸收气体钠蒸气,观察到了光学双稳态现象以来,许多科学工作者相继在其他许多介质中也观察到了光学双稳态现象,并研制出了各种光学双稳态器件[15]。

光学双稳态器件作为开关元件和存储元件,有着重要的应用前景。作为开关元件时其开关速率在理论上可达 $10^{-11} \sim 10^{-12}$ s,是现有电子开关的 $100 \sim 1000$ 倍。光学双稳态器件与现在使用的晶体管比,还有一个引人注目的优点,就是可以进行信号平行处理。光波在真空中传播时,不同光束之间互不干扰,各自独立;在介质中,两束光只要分开几个波长的距离即可互不影响,因此在同一光学元件中,可以平行地通过几束光波,同一元件的不同区域可以同时对各光束进行运算操作。有人预言,这将给计算机科学带来一场革命,使计算机的构造和算法有极大的改变,使计算机的功能有极大的飞跃。尽管光学双稳态器件在这方面离实用还有很大的距离,但其广阔的前景正吸引着越来越多的人关注。

5.2.1 光学双稳态现象

对于一个给定的入射光强,存在两个可能的、稳定的输出光强状态,而且可以用光学的方法实现两个稳态间的翻转,这种现象称为光学双稳态。利用光学双稳态器件作为逻辑元件具有很好的应用前景。

光学双稳态可分为两种:一种是纯光学型,另一种是光电混合型。

纯光学型光学双稳态可用 F-P 标准具来实现。在 F-P 标准具腔内充满克尔介质,这种介质的折射率可表示为

$$n = n_0 + \Delta n(|E|^2) \tag{5.1}$$

也就是其折射率与通过它的光的强度有关。因此在 F-P 腔中光强的变化将引起腔内光波波长的变化,从而改变光波相干的相位条件,而根据 F-P 标准具的干涉原理,这又将反过来影响腔内的光强。即非线性的克尔介质中的光程 nL 取决于腔内的光强,而腔内的光强又取决于光程 nL。这两个相互依赖相互制约的条件共同作用,即可使输出光形成光学双稳态现象。

光电混合型光学双稳态的工作框图如图 5.1 所示。

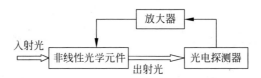

图 5.1　光电混合型光学双稳态的工作框图

非线性光学元件的透光率与加在其上的电压有关。将出射光转换成电压,经放大后反馈到非线性光学元件上去,使其在不同的出射光强下有不同的透射率,即形成两个相互制约的因素:透光率取决于电压,电压取决于透光率,从而实现光学双稳态。本实验中用液晶光阀作为非线性光学元件。

5.2.2　液晶光阀的电光特性

液晶(liquid crystal)是指在一定温度范围内,从外观看属于具有流动性的液体,同时又具有光学晶体的特性(如双折射)的一种物质,即液态晶体的简称。液晶分子多数呈长条形,长度为宽度的 4～8 倍,具有较强的电偶极矩。由于分子间作用力比固体弱,利用微小的外部能量——电场、磁场等就能实现各分子状态的转变,从而拥有独特的电磁、光学性质。

液晶分子长轴排列平均取向的单位矢量 n 称为指向矢量,设 $\varepsilon_{/\!/}$ 和 $\varepsilon_{\perp}$ 分别为当电场与指向矢量平行和垂直时的液晶介电常数。定义介电各向异性,

$$\Delta\varepsilon = \varepsilon_{/\!/} - \varepsilon_{\perp} \tag{5.2}$$

$\Delta\varepsilon > 0$ 的液晶称为 P 型液晶,$\Delta\varepsilon < 0$ 的液晶称为 N 型液晶。在外电场作用下,P 型液晶分子长轴方向平行于外电场方向,N 型液晶分子长轴方向

垂直于外电场方向。

1) 液晶光阀的结构

液晶的种类很多,液晶光阀常用的是 TN(扭曲向列)型液晶。TN 型液晶光阀的结构如图 5.2 所示。在两块玻璃板之间夹有 P 型向列相液晶,液晶层厚度一般为 $5\sim8\mu m$,玻璃板的内表面镀有透明电极,电极的表面预先作了定向处理(可用软绒布朝一个方向摩擦,也可在电极表面涂取向剂),这样,液晶分子在透明电极表面就会躺倒在摩擦所形成的微沟槽里;电极表面的液晶分子按一定方向排列,且上下电极上的定向方向相互垂直。上下电极之间的那些液晶分子因范德瓦尔斯力的作用,趋向于平行排列。然而由于上下电极上液晶的定向方向互相垂直,所以从俯视方向看,液晶分子的排列从上电极沿 $-45°$方向排列逐步地、均匀地扭曲到下电极的沿$+45°$方向排列,整个扭曲了 $90°$。

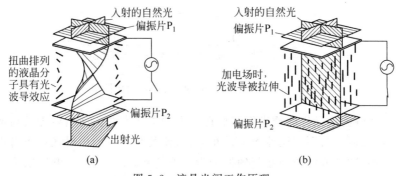

图 5.2　液晶光阀工作原理

理论与实验都证明,上述均匀扭曲排列起来的结构具有光波导的性质,即偏振光从上电极表面透过扭曲排列起来的液晶传播到下电极表面时,偏振方向会跟随液晶分子的排列旋转 $90°$。

取两张偏振片贴在玻璃的两面,P_1 的透光轴与上电极的定向方向相同,P_2 的透光轴与下电极的定向方向相同,于是 P_1 和 P_2 的透光轴相互正交。

在未加驱动电压的情况下,来自光源的自然光经过偏振片 P_1 后只剩下平行于透光轴的线偏振光,该线偏振光到达输出面时,其偏振面旋转了 $90°$。这时光的偏振面与 P_2 的透光轴平行,因而有光通过,如图 5.2(a)所示。

在施加足够电压情况下(在实际应用的液晶光阀,如液晶显示器,一般为 $1\sim2V$,我们实验中用的液晶光阀则需 $10V$),在静电场的作用下,除了基片附近的液晶分子被基片"锚定"以外,其他液晶分子趋于平行于电场方向排列。于是原来的扭曲结构被破坏,成了均匀结构,如图 5.2(b)所示。从 P_1 透射出来的偏振光的偏振方向在液晶中传播时不再旋转,保持原来的偏振方向到达下电极。这时光的偏振方向与 P_2 正交,因而光被关断。

由于上述光开关在没有电场的情况下让光透过,加上电场的时候光被关断,因此称为常通型光开关,又称为常白模式。若 P_1 和 P_2 的透光轴相互平行,则构成常黑模式。

2) 液晶光阀的电光特性

图 5.3 为光线垂直液晶面入射时本实验所用液晶归一化透射率(以不加电场时的透射率为 1)与外加电压的关系。

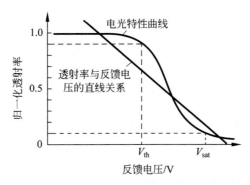

图 5.3 液晶光阀的电光特性与反馈电压曲线

由图 5.3 可见,对于常白模式的液晶光阀,其透射率随外加电压的升高而逐渐降低,在一定电压下达到最低点,此后略有变化。可以根据此电光特性曲线图得出液晶光阀的物性参数。

(1) 开启(阈值)电压 V_{th}:常白型相对透过率为 90% 时,常黑型为 10% 时的电压。

(2) 关断(饱和)电压 V_{sat}:常白型相对透过率为 10% 时,常黑型为 90% 时的电压。

(3) 陡度 γ:

$$\gamma = \frac{V_{sat}}{V_{th}} \tag{5.3}$$

液晶的电光特性曲线越陡,γ 越小,即阈值电压与关断电压的差值越小,由液晶光阀单元构成的显示器件允许的驱动路数就越多,但灰度性能越差。TN 型液晶最多允许 16 路驱动,常用于数码显示。在计算机、电视等需要高分辨率的显示器件中,常采用 STN(超扭曲向列)型液晶,以改善电光特性曲线的陡度,增加驱动路数,且具有很好的灰度性能[16]。

(4) 瞬态响应特性:当对液晶光阀加上如图 5.4 所示的瞬变电压时,它的透光率并不和电压同时变化,而是有一定的延迟。这就是液晶光阀的瞬态响应特性,通常用 3 个参数表征:延迟时间 τ_d,定义为加上电压后透光率变化 10% 所需的时间;上升时间 τ_r,定义为透光率从 10% 到 90% 所用的时间;下降时间 τ_f,定义为停止施加电压后透光率从 90% 下降到 10% 所用的时间。这三个参数统称为响应时间。

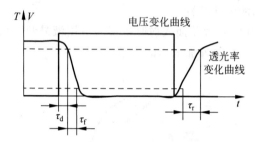

图 5.4　液晶光阀的瞬态响应特性

目前,普通的 TN 型液晶的响应时间为几十毫秒,用于计算机液晶显示器的 STN 型液晶可达 8ms 以下。

5.2.3　光学双稳态的实现

利用液晶光阀进行光学双稳态实验的系统如图 5.5 所示。

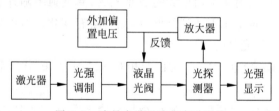

图 5.5　液晶光学双稳态实验系统

由激光器发出的光,通过光强调制器射入液晶光阀,光阀再加上适当的偏置电压(由电路提供),出射光强由数字表显示,并通过放大器反向反馈到液晶光阀上,光越强,反馈电压越大,则液晶光阀上的电压越小,即电压(偏置电压与反馈电压的和)反比于输出光强 I_{out}。当入射光强恒定时,$T \propto I_{out} \propto (1/V)$ 可在电光特性图上作一直线,如图 5.3 所示。当放大器的放大倍率 β 不同时,直线的斜率不同,当外加偏置电压和放大倍数合适时,直线和电光特性曲线又至少有两个交点。这表明在同一输入光强下具有不同的透光率 T,这就是光学双稳态现象。此时,若保持外加偏置电压和放大倍率不变,用光强调制器改变输入光强,就可得到如图 5.6 所示的迟滞回线。这也实现了光学双稳态现象。

实验中利用一对偏振片组成光强调制器,根据马吕斯定律

$$I_2 = I_1 \cos^2\theta \tag{5.4}$$

只要调节两偏振片间的夹角就可改变输入光强。

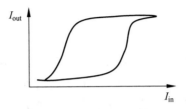

图 5.6　液晶光学双稳态迟滞回线

5.3　实验设备

液晶光学双稳态实验仪,激光器,偏振片,分束器,液晶光阀,光电探测器,等等。

5.4　实验内容

1. 组建实验装置

熟悉实验元件,按图 5.7 组建实验装置(包括:激光器、光强调制器 P_1 和 P_2、分束器 BS、液晶光阀 LCLV、光电三极管 V_1 和 V_2)。

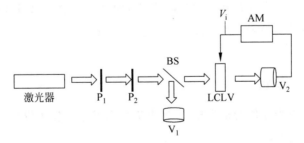

图 5.7　光学双稳态实验装置

2. 验证马吕斯定律

移去光路中的分光器和液晶光阀,使光强调节器的起偏器与检偏器的游标对准零线。调整光路,使电表不溢出的情况下显示值尽可能大,改变检偏器 P_2 的方向,测量在不同方向时,光电三极管接收到的光强。

3. 测量液晶光阀的电光特性

按图 5.7 搭建光路并调好(使电表不溢出的情况下显示值尽可能大)。保持液晶光阀的输入光强不变,不加反馈。调节控制面板上的偏置电压 V_i,测量在不同偏置电压下的出射光强。

4. 观测光学双稳态

调节偏置电压到恰当值(8~9V)使液晶光阀处在低透射率状态;加上反馈电压,调节反馈放大倍数合适(使加反馈后透射率由低跳到高)。通过改变偏振片 P_1 的方向来改变液晶光阀的入射光强,而保持入射光的偏振状态不变。使输入光强从大到小,测量输出光强的变化,再使输入光强从小到大,测量输出光强的变化。

5.5 实验注意事项

1. 激光开启时,要注意全程佩戴护目镜。

2. 观测光学双稳态时,须调节好 P_1、P_2、BS 等元件共轴,并确保光束正入射到光电探测器。

3. 为了观测到光学双稳态,偏置电压应调节至恰当数值,然后再加上反馈电压,并调节反馈放大倍数至恰当数值。

5.6 预习思考题

1. 为什么验证马吕斯定律时调节 P_2,而观测光学双稳态时调节 P_1?

2. 试设计实验测试液晶光阀的瞬态响应特性。

5.7 实验报告

1. 以输出光强值为横坐标,偏振器夹角余弦平方值为纵坐标描点绘图,验证马吕斯定律;

2. 作电光特性曲线,从中求出阈值电压和关断电压;

3. 分别以输入光强与输出光强为坐标作图得到迟滞回线,并选取不同的偏置电压 V、放大倍数 β 和最大入射光强,讨论这些因素对光学双稳态现象的影响。

实验 6

高光谱成像测试

6.1　实验目的

1. 理解高光谱成像的基本原理。
2. 熟悉高光谱仪器的基本使用方法。
3. 了解高光谱成像及近红外探测器的应用领域。

6.2　实验原理

6.2.1　高光谱成像技术概述

高光谱成像技术是近 20 年来发展起来的基于多窄波段的影像数据技术,其最突出的应用是遥感探测领域,并在越来越多的民用领域有着更大的应用前景[17]。它集中了光学、光电子学、电子学、信息处理、计算机科学等领域的先进技术,是传统的二维成像技术和光谱技术有机地结合在一起的一门新兴技术。

高光谱成像技术的定义是在多光谱成像的基础上,利用成像光谱仪,在光谱覆盖范围内的数十或数百条光谱波段对目标物体连续成像。在获得物体空间特征成像的同时,也获得了被测物体的光谱信息。

高光谱成像技术具有多波段(可达上百个波段)、波段窄($\leqslant 10^{-2}\lambda$)、光谱范围广(200~2500nm)和图谱合一等特点。优势在于采集到的图像信息量丰富,识别度较高和数据描述模型多。由于物体的反射光谱具有"指纹"效应,不同物不同谱,同物一定同谱的原理来分辨不同的物质信息。物体的光谱特性与其内在的物理化学特性紧密相关,由于物质成分和结构的差异就造成物质内部对不同波长光子的选择性吸收和发射。完整而连续的光谱曲线可以更好地反映不同物质间这种内在的微观差异,这也正是成像光谱技术实现地物精细探测的物理基础。

高光谱成像仪(也称光谱相机或高光谱相机、高光谱仪)是将成像光谱仪和各种探测器(CCD、InGaAs 面阵探测器等)完美结合,可同时、快速获取光谱和影像信息的无损检测分析仪器。

GaiaField 便携式地物高光谱仪主要是针对户外或较大物体的远距离成像测试以及一些需要便携操作的应用。系统结构将成像光谱仪、面阵探测器、驱动电源、运动控制模块等集成于一体,大大减小了系统的体积与重量,外观简洁,操作方便。实现了自动曝光、自动调焦、自动匹配扫描速度,同时可以通过携带的辅助摄像功能对监测范围进行确定。在数据处理方面实现数据的预处理和数据选择性的导出、不同的数据图像的校准等功能。

6.2.2 高光谱成像原理简介

推扫型成像光谱仪采用一个垂直于运动方向的面阵探测器,在运动平台向前运动中完成二维空间扫描;平行于平台运动方向,通过光栅和棱镜分光,完成光谱二维扫描。

成像光谱仪每次采集的是目标上一条线的像,即每次只测量目标上一个行的像元的光谱分布,通过透射光栅分光使这条线上每个像素点对应一条完整的光谱,通过运动平台的运行,扫描合成得出整个目标包含的光谱信息图像。因此,每一幅来自光谱相机的图像结构包括一个维度(空间轴)上的线阵像素和在另一个维度(光谱轴)上的光谱分布。

高光谱成像仪通常由三部分组成:成像镜头、成像光谱仪、面阵探测器(如 CCD 相机)。如图 6.1 所示,二维物体的一条狭带通过成像镜头成像并通过光谱仪前置狭缝,然后光线经过一组透镜后成为垂直于狭缝方向上的平行光;该平行光通过光谱仪中的透射光栅在垂直于狭缝方向发生色散,变为在垂直于狭缝方向的随波长展开的单色光;该沿垂直于狭缝方向展开的单色光经过光谱仪的最后一组透镜成像到面阵 CCD 探测器上。因此面阵CCD 单次探测到的是一条狭带物体的光谱,其特点是平行于狭缝方向为狭带物体的灰度分布,而垂直于狭缝方向为像在光谱上的展开。

彩图 6.1

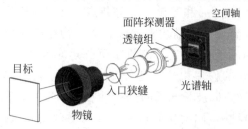

图 6.1 高光谱成像仪的基本结构和成像基本原理

因此,如果要完成对二维物体的光谱成像,需要将物体或成像光谱仪沿垂直于狭缝方向做一维扫描,将各个狭带依次成像而后拼接为二维图像。

6.3　实验设备与材料

GaiaField 便携式地物近红外高光谱仪(型号:GaiaField-F-N17E-N3,厂家:Dualix Instruments Co.,Ltd.,波长范围:900～1700nm)及室内分选系统(载物台和光源等),采摘的各种植物绿叶、黄叶、彩叶、局部黄化叶片、落叶和枯叶若干,PP 塑料文件夹或 A4 打印纸。

6.4　实验内容

1. 实验准备

(1)启动计算机,并将仪器数据采集线和步进电机控制线连接到计算机上,打开高光谱分选仪总开关,开启高光谱相机开关,预热 10min。

(2)在计算机桌面双击打开仪器控制和数据采集软件 Specview,等待片刻后,软件界面给出相机和电机连接结果,单击软件界面上的"设备控制"菜单,确保相机和电机已连接。

(3)将相机镜头盖取下,放置好待测样品。单击采集菜单栏的"调焦预览"选项,弹出三个对话框。在其中的"马达设置"对话框中,单击"置中"按钮,静待片刻后,在计算机中新建文件夹,单击"采集控制"的通用选项,弹出对话框,预设文件保存路径。

(4)单击聚焦面板的"自动曝光"按钮,静待片刻,待其弹回后,再单击"自动聚焦"按钮。单击"相机设置"和"马达设置"的两个"应用"按钮,最后单击"采集面板"的"采集"按钮,完成数据采集。采集过程可以通过图像预览窗口实现实时观察。

(5)采集黑白帧,用于反射率校准。利用软件可以做原始数据的校准,具体如下:单击反射率校正按钮,弹出黑白校正对话框,在框中的文件夹形状的图标中单击选择原始数据文件的路径以及黑白校准文件的路径,完成后单击其中的"计算"按钮,静待片刻,校准后的数据文件生成。单击快速预览一栏,单击"打开",找到校准后文件,再单击加载即可呈现校准后的图像数据。

2. 采集一片绿叶的高光谱图像

加载校准后的图像数据。获取图中不同点的光谱曲线,观察并描述光谱曲线特征；利用采集软件或 MATLAB 软件获取多张不同波长下的绿叶图片,观察图像的差异,体会高光谱"谱图合一"的优势和特点。

3. 测量不同形态树叶的高光谱图像

包括：绿叶、黄叶、局部黄叶、干落叶、彩叶等,比较各种叶片的近红外光谱差异,观察比较局部黄叶各部分的光谱差异。

4. 测量其他样品的高光谱图像

测定不同厚度的 PP 塑料文件夹或 A4 打印纸的光谱,探讨可能的应用。

6.5　实验注意事项

1. 进行实验测试前,为保证仪器状态稳定,须开机预热 10min。

2. 每次开机之后应做仪器校准,依次完成"自动曝光"和"自动聚焦"。微机操作点击按钮,须待其弹回后方可进行下一步操作,以免造成仪器异常或电机损坏。

3. 在进行树叶高光谱图像测量之前,建议将叶片夹在书中压平,以免产生阴影,影响测量结果。

6.6　预习思考题

1. 简述推扫型成像光谱仪的成像基本原理,其所得的图像与普通的数字图像有什么区别?

2. 什么是高光谱成像技术? 该技术有什么特点和优势?

6.7　实验报告

1. 在查找文献资料的基础上,分析树叶近红外光谱的特征,比较不同颜色和形态的树叶的近红外光谱差异。

2. 选择合适的方法,建立打印纸张数(或 PP 文件夹层叠厚度)与其近红外光谱的回归模型,并测量验证。

3. 分析讨论影响光谱反射率测试结果的主要因素有哪些,应如何克服?

实验 7

信息光学光路调节基础

7.1 实验目的

1. 学会调节各个光学元件的主光轴位置,使之共轴。
2. 学会使用针孔滤波器,观察不同口径针孔的滤波效果。
3. 理解空间滤波的原理,了解针孔滤波与圆孔衍射的区别。
4. 掌握扩束、准直系统的调节和使用,能获得标准平行光。

7.2 实验原理

7.2.1 光的空间滤波原理

空间频率滤波利用透镜的傅里叶变换特性,把透镜作为一个频谱分析仪,利用空间滤波的方式改变物的频谱结构,改善图像。

空间滤波所使用的光学系统实际上就是一个光学频谱分析系统,这里介绍常见的两种类型

1. 三透镜系统

图 7.1 中 L_1、L_2、L_3 分别起着准直、变换和成像的作用;滤波器置于频谱平面。设物的透过率为 $t(x_1,y_1)$,滤波器透过率为 $F(f_x,f_y)$(注意 F 与 F 的区别,F 表示傅里叶变换),则频谱面后的光场复振幅为

$$u'_2 = T(f_x,f_y) \cdot F(f_x,f_y)$$

式中,$T(f_x,f_y) = F\{t(x_1,y_1)\}$,$f_x = x_2/\lambda f_2$,$f_y = y_2/\lambda f_2$,$F\{\}$ 为傅里叶变换算符,f_x,f_y 为空间频率坐标,λ 为单色点光源波长,f_2 是变换透镜 L_2 的焦距。

输出平面由于实行了坐标反转,得到的应是 u'_2 的傅里叶逆变换,即输出是物的几何像与滤波器逆变换的卷积。

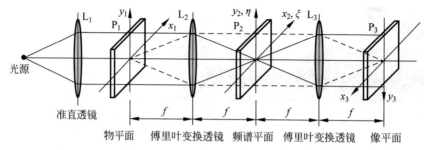

图 7.1 三透镜空间滤波系统结构图

$$u'_3 = \mathrm{F}^{-1}\{u'_2\}$$
$$= \mathrm{F}\{T(f_x, f_y) \cdot F(f_x, f_y)\}$$
$$= \mathrm{F}^{-1}\{T(f_x, f_y)\} * \mathrm{F}^{-1}\{F(f_x, f_y)\}$$
$$= t(x_3, y_3) * \mathrm{F}^{-1}\{F(f_x, f_y)\}$$

2. 二透镜系统

取消准直透镜 L_1，直接用单色点光源照明，可以用两个透镜构成空间滤波系统(图 7.2)。

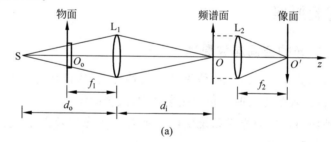

(a)

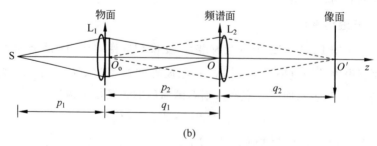

(b)

图 7.2 二透镜空间滤波系统结构图

(a) 物面置 L_1 前焦面，像面置 L_2 后焦面；(b) 物面紧贴 L_1 后，频谱面紧贴 L_2 前

实验中小孔滤波器就属于二透镜系统。

设物为一维栅状物——Ronchi 光栅，它是矩形函数 $\mathrm{rect}(x_1/a)$ 和梳状

函数 comb(x_1/d) 的卷积：

$$T(x_1) = (1/d) \cdot \text{rect}(x_1/a) * \text{comb}(x_1/d)$$

若栅状物总宽度为 B（图 7.3），则

$$T(x_1) = \{(1/d) \cdot \text{rect}(x_1/a) * \text{comb}(x_1/d)\} \cdot \text{rect}(x_1/B)$$

在频谱面上得到它的傅里叶变换：

$$T(f_x) = \text{F}[t(x_1)]$$
$$= (aB/d)\{\text{sinc}(Bf_x) + \text{sinc}(a/d)\text{sinc}[B(f_x - 1/d)] +$$
$$\text{sinc}(a/d) \cdot \text{sinc}[B(f_x + 1/d)] + \cdots\}$$

式中，$f_x = x_2/\lambda f_2$。右边第一项为零级频谱，第二、三项分别为正、负一级频谱……

在未进行空间滤波前，输出面上得到的是原物的像。

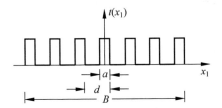

图 7.3 Ronchi（朗奇）光栅的透过率函数

3. 几种滤波结果

（1）滤波器是一个通光小孔，只允许零级通过，结果如图 7.4(a)、(b)、(c)所示。

（2）滤波器是一个狭缝，使零级和正、负一级频谱通过，结果如图 7.4(d)、(e)、(f)所示。

（3）滤波器为双狭缝，只允许正、负二级频谱通过，结果如图 7.5(a)、(b)、(c)所示。

7.2.2 滤波器分类

振幅型滤波器：只改变频谱的振幅分布，不改变位相分布。

（1）低通滤波器：滤去频谱中的高频部分，只允许低频通过（低通滤波器主要用于消除图像中的高频噪声，见图 7.6）；

（2）高通滤波器：滤除频谱中的低频部分，以增强像的边缘，或实现衬度反转（中央光屏的尺寸由物体低频分布的宽度而定，主要用于增强模糊图像的边缘，以提高对图像的识别能力，由于能量损失较大，所以输出结果一般较暗）；

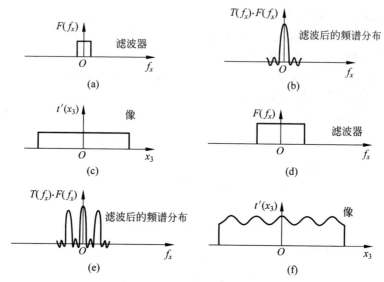

图 7.4 只允许零级通过或只允许零级和正、负一级频谱通过时的情况

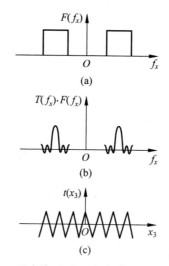

图 7.5 只允许正、负二级频谱通过时的情况

（3）带通滤波器：用于选择某些频谱分量通过，阻挡另一些分量（图 7.7）；

（4）方向滤波器：实际上也是一种带通滤波器，只是带有方向性；

（5）位相型滤波器：位相型滤波器只改变傅里叶频谱的位相分布，不改变它的振幅分布，其主要功能是用于观察位相物体；

（6）针孔滤波器：也称为扩束—滤波器，是振幅型低通滤波器的一种，包括扩束镜（显微物镜，焦距极短）和针孔装置，通常为扩束—准直系统的一

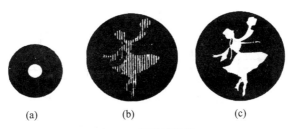

图 7.6　低通滤波器

（a）低通滤波器结构；（b）带有高频干扰的输入图像；（c）滤波后的输出图像

图 7.7　带通滤波器

部分。针孔滤波器（图 7.8）有组合式和分布式两种，均包括扩束、滤波两部分。

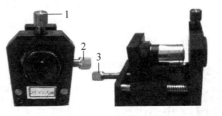

彩图 7.8
和彩图 7.10

1、2—调节小孔左右、上下平移旋钮；3—改变物镜与小孔间距的平移旋钮。

图 7.8　针孔滤波器结构图

　　如图 7.9 所示，在光学信息处理系统中，常在扩束镜后焦点上放置针孔，对光束进行空间滤波，以提高光束质量，提高处理的效果。扩束镜通常是短焦距的凸透镜或显微物镜，可以把激光光束聚于其焦点上。针孔滤波器的空间滤波就在焦点处进行。

　　根据衍射理论，光通过扩束镜后，在其焦点上的光斑直径为

$$d = \frac{1.22\lambda}{D} f$$

式中，f 为扩束镜的焦距；D 为扩束镜上的实际通光孔径；λ 为激光波长。考虑到激光束的发散角的影响，针孔直径可按下式计算：

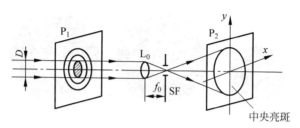

SF—针孔；L_0—扩束器；P_1，P_2—光屏。

图 7.9　针孔滤波器的调整

$$d = \frac{2\lambda f}{D}$$

对于一般的实验光路，$D=1.5\text{mm}$，$f=16\text{mm}$，$\lambda=0.6\text{mm}$，$d=15\mu\text{m}$，针孔通常选用 $10\sim30\mu\text{m}$。由于针孔很小，针孔滤波器的调整要耐心、仔细、缓慢。

从空间频谱的概念来看，如果扩束镜无像差且无衍射杂散光影响，则在聚光点处的光斑是很小的。这相应于光斑的零级频谱成分。而光斑中那些不均匀的部分，如各种环状衍射结构，对应于光束的高频成分。它们将出现在扩束镜后焦面上远离焦点的地方。因此如果把直径很小（一般为 $5\sim25\mu\text{m}$）的针孔置于焦点附近，只让零频通过而挡掉高频成分，则在针孔后的光场将是非常均匀的（图 7.10）。那些相当于高频成分的不均匀和衍射环即会消失。由频谱分析知道在激光质量不太差、扩束镜的污染又不太严重的

图 7.10　空间滤波后的
基模光斑

情况下，光束的能量绝大部分集中在零级上，而那些相应于不均匀的高频成分所占的能量在总能量中的比例是微不足道的。因此，正确地使用针孔滤波器，不但可以提高光束质量，而且不会明显降低光场的光强，即没有明显的能量损失。但是，如果扩束镜质量过差，或所用的针孔滤波器孔径过小，以致零级会聚点直径大于针孔直径，那么使用针孔滤波器之后光强会明显降低。

7.3　实验设备

激光器，组合式针孔滤波器（含物镜和针孔），准直透镜（$f=100\sim200\text{mm}$）2 个，平行平晶，白屏（或毛玻璃屏），光学调整架，等等。

7.4　实验内容

1. 选择合适的光机部件

根据设计好的光路选择合适的光机部件,包括光学元件的孔径、焦距、放大倍率、透过率、表面精度以及光具架调节机构等,以便把这些光学元件按光路图要求方便、准确地定位到适当的空间位置上。

光学元件应安装在具有调节机构(包括调节维数、调节范围和调节精度等)的光具架上。光具架的调节机构应连续平衡、定位稳定。使用前应轻轻晃动光具架的各个接合部,检查是否稳定。调整光路前应先将所有的微调螺钉调至中间位置,使之留有足够的调节余量。

2. 光学元件等高同轴的调整

调整光信息实验光路的基本原则是共轴,即保证整个光路中各个光学元件的光轴重合。调整按下列步骤进行:

(1) 调整激光器的俯仰和左右旋钮,使输出光束始终平行于工作台面,可用一小孔光阑在台面上移动,并保持激光光斑中心始终与小孔重合。

(2) 调节等高,即使各光学元件的光学面中心距离台面高度相等,此时,激光束或其主光线通过各光学元件的中心,一般可通过俯仰调节装置完成(可借助光阑,使反射光点高度与入射激光相同)。

(3) 调节同轴,调整各个光学元件相对入射激光的左右位置,使各光学元件的中心都处于入射激光光路上,即所有光学器件的光轴重合。

按照实验光路图布置好各光学部件的位置,并观察光路系统中由各光学元件表面(包括球面和平面)反射和透射产生的一系列自准像点,使它们处于标准高度(入射激光为准)的一条直线上,以便使光学系统成为共轴系统。

3. 组合式针孔滤波器的调整步骤

(1) 首先在激光的前面一定距离放一光屏,在激光打在屏上的一点做记号,并且固定光屏。

(2) 然后把针孔滤波器的针孔拿出,使针孔面朝上,不要接触桌面或工作台。

(3) 将针孔滤波器置于激光和光屏之间,调整针孔滤波器的高度使之与激光同高,这时就会在光屏上出现一个亮度均匀的圆光斑,并且光斑的中心与我们光屏上做的记号重合。

（4）然后把针孔放到滤波器上，先稍许移动垂直和左右方向的调节手轮，直接观察针孔小眼，使针孔处小亮点最亮；再调节前后方向的手轮，使得物镜不断靠近针孔。

（5）待有光斑出现后，不断重复第（4）步，使光斑的亮度逐渐增加，在光屏上观察到同心的亮暗衍射环。

（6）最后再沿三个方向微调，使中央亮斑半径不断扩大，亮度逐渐增加，直至最亮最均匀为止。

4. 准直光束的获得与检验

在光信息实验中，经常要用到准直性良好的平行光束，这可以通过在针孔滤波器之后加入准直透镜来获得。理论上说，只要准直透镜的前焦点与扩束镜的后焦点重合，且两者同光轴，透过准直透镜的光即为平行光。一般准直透镜使用口径较大、焦点较长的胶合透镜，这样可以获得截面较大、像差较小的光束。

调整时可置准直透镜于扩束的光路中，透镜的中心高度与光束的标准高度一致，曲率半径较大的一面对向扩束镜（如果准直透镜是胶合透镜，则应使负透镜对向扩束镜），以使其球差最小。移动准直透镜的前后位置，使其前焦点大致与扩束镜的后焦点（即针孔位置）重合。出射光应是准直光。

检验光束平行性的常用方法有两种。

（1）自准直法。沿光束传播方向，前后轴向移动准直透镜，直到从自准直反射镜反射回来的自准直像落在针孔表面，并与针孔重合。或者在准直镜后放一观察屏，前后移动，观察准直后光斑的变化，若在一个较大范围内（如5m以上）光斑直径几乎无变化，可视为准直成功。

（2）剪切干涉法。这是一种在光信息实验中对光束平行性要求高时普遍使用的方法。在光路中插入准直透镜，透镜到针孔的距离大致等于透镜的名义焦距。如图7.11所示，在准直镜后，倾斜放置一平行平晶，观察平晶两表面反射光束重叠部分产生的剪切干涉条纹，沿光轴前后移动准直透镜，使条纹渐渐由密变疏，直到条纹最宽或成均匀光，这时准直透镜处于最佳位置，出射光为平行光。剪切干涉法只能用于相干光束的调整。非相干照明时，可用自准直法调整。

5. 焦平面位置的确定

在光信息实验中，经常需要将某些元件精确调整到光束会聚点即焦平面或傅里叶变换平面位置，通常的方法是在透镜后放置一毛玻璃或纸屏，用人眼观察会聚光斑的大小，当会聚光斑最小时即认为毛玻璃或纸屏所在

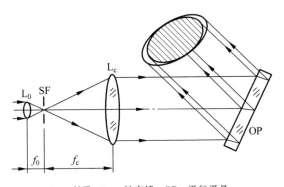

SF—针孔；L_0—扩束镜；OP—平行平晶。

图 7.11　剪切法获得平行光

的位置就是会聚点的位置。还可以利用激光散斑的性质,对于会聚点的位置进行确定。所谓激光散斑,是指激光束照射到漫射体上时漫射体上的每一点都可以当成是一个次级波源,由它们射出的次级波在空间相干得到的光强呈现颗粒状随机分布的现象。做法为:在透镜的会聚点附近放置一块毛玻璃屏,毛玻璃屏起着漫射透明体的作用,其后放置一个光屏 P,在光屏上可以观察到会聚光斑在毛玻璃后面所形成的散斑结构。根据激光散斑原理,散斑颗粒的直径 $d = 1.22\dfrac{\lambda}{D}l$,即当毛玻璃与光屏之间的距离固定不变时,散斑颗粒的直径 d 与会聚光斑的直径 D 成反比。因此,将毛玻璃沿光轴平移,光屏上散斑颗粒的直径会发生变化,散斑颗粒最粗时毛玻璃所在的位置即为光束会聚点位置。这种方法非常有效,且具有很高的精度。

7.5　实验注意事项

1. 严禁直视激光! 严禁直接用手触摸光学元件光学面。如安装光学元件,须戴无尘手套。

2. 借助工具调整氦氖激光器的位置,使出射光束与实验台平行,且与某一排螺纹孔平行。

3. 学会使用针孔滤波器,观察不同口径针孔的滤波效果。

4. 不可以用手去碰针孔,也不可以对针孔吹气或做任何的不当接触,更不要去戳它。

5. 小孔滤波器组件的调节螺丝非常精细,操作时请仔细转动,以免用力损伤螺纹。

7.6 预习思考题

1. 未加针孔前白屏上出现衍射斑,为什么?

2. 放上针孔后,移动显微物镜,白屏上出现衍射斑,然后消失,为什么? 请从信息光学的角度描述。

3. 调节平行光时,由近及远移动准直镜产生的光斑如何变化? 为什么?

4. 如何利用平晶检测准直光的质量? 提示:相干光的干涉。

5. 请详述你在调节过程中总结的技巧和心得。

7.7 实验报告

1. 描述光路等高同轴的调整方法。

2. 记录描述激光束经过扩束后的光斑特点。

3. 描述针孔滤波器的调节方法,记录描述加装滤波器后的光斑特点。

4. 描述调节准直透镜产生平行光的方法和检验方法。

实验 **8**

光学衍射传播算法

8.1 实验目的

1. 学习用 MATLAB 模拟光的衍射传播。
2. 了解菲涅耳衍射积分的 S-FFT、T-FFT、D-FFT 算法的特点。
3. 掌握 1～2 种菲涅耳衍射积分算法的编程实现。

8.2 实验原理

光的衍射传播理论和算法是进行光的传播模拟仿真的基础。

如图 8.1 所示,设物体处在 x_0-y_0 平面内,以单位复振幅的单色波照明物体后,物体表面的光波复振幅可表示为

$$O_0(x_0,y_0) = a(x_0,y_0)\exp[\mathrm{j}\phi_0(x_0,y_0)] \tag{8.1}$$

式中,$\mathrm{j}=\sqrt{-1}$,$a(x_0,y_0)$ 代表物体的振幅反射率或透过率,对于表面粗糙的反射型物体,$\phi_0(x_0,y_0)$ 是在 $[-\pi,\pi]$ 区间分布的随机值,传播到记录面(x-y 平面)内的物光场将形成一散斑图。对于表面光滑的物体,$\phi_0(x_0,y_0)$ 取决于照明光的波面及物体的表面形状或厚度、折射率。光的衍射传播理论主要有:菲涅耳衍射积分理论和角谱理论。

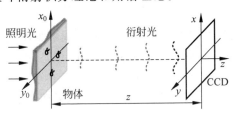

图 8.1 光的衍射传播

8.2.1　菲涅耳衍射积分

根据瑞利-索末菲衍射积分公式,在距物平面 z 的记录平面上的光波场复振幅分布为

$$O(x,y) = \frac{1}{j\lambda} \int_{-\infty}^{\infty} \int_{-\infty}^{\infty} O_0(x_0,y_0) \frac{\exp(jk\rho)}{\rho} \cos\theta \, dx_0 dy_0 \qquad (8.2)$$

式中, $k = 2\pi/\lambda$ 称为波数, λ 为光波波长; ρ 为记录面上 (x,y) 点与物平面上 (x_0,y_0) 点之间的距离; θ 是记录面上 (x,y) 点与物平面上 (x_0,y_0) 点的连线与 z 轴之间的夹角,根据几何关系有

$$\rho = [z^2 + (x-x_0)^2 + (y-y_0)^2]^{1/2} \qquad (8.3)$$

$$\cos\theta = \frac{z}{\rho} \qquad (8.4)$$

将式(8.3)进行泰勒展开,得

$$\rho = z + \frac{(x-x_0)^2}{2z} + \frac{(y-y_0)^2}{2z} - \frac{1}{8} \frac{[(x-x_0)^2 + (y-y_0)^2]^2}{z^3} + \cdots$$

$$(8.5)$$

当

$$z \geqslant \left\{ \frac{\pi}{4\lambda} [(x_0-x)^2 + (y_0-y)^2]^2 \right\}_{\max}^{1/3} \qquad (8.6)$$

时,式(8.5)中第 4 项及之后的高次项可忽略不计,这一条件称为菲涅耳近似条件。则 ρ 近似表示为

$$\rho = z + \frac{(x-x_0)^2}{2z} + \frac{(y-y_0)^2}{2z} \qquad (8.7)$$

在傍轴情况下,取 $\cos\theta = 1$,并将式(8.7)代入式(8.2),可得物光波在 x-y 平面内的复振幅分布表示为

$$O(x,y) = \frac{\exp(jkz)}{j\lambda z} \int_{-\infty}^{\infty} \int_{-\infty}^{\infty} O_0(x_0,y_0) \exp \times$$

$$\left\{ \frac{jk}{2z} [(x-x_0)^2 + (y-y_0)^2] \right\} dx_0 dy_0 \qquad (8.8)$$

该式即为菲涅耳衍射积分公式。值得注意的是:虽然式(8.8)是在忽略了式(8.5)中的高次项后推导得来的近似表达式,但是,由于对 (x,y) 点积分值的贡献主要来自于物平面上 $x_0 = x, y_0 = y$ 附近的那些点,在记录距离不满足式(8.6)的情况下,式(8.8)所得到的计算结果仍然有足够高的精度。事实上,式(8.6)只是式(8.8)近似成立的充分条件,并非必要条件。

在计算机中计算式(8.8)的积分过程,通常通过快速傅里叶变换来完

成,常见的方法有菲涅耳变换法和卷积法两种[18]。

1. 菲涅耳变换衍射传播法

将式(8.8)展开可得

$$O(x,y) = \frac{\exp(\mathrm{j}kz)}{\mathrm{j}\lambda z}\exp\left[\frac{\mathrm{j}k}{2z}(x^2+y^2)\right]\int_{-\infty}^{+\infty}\int_{-\infty}^{+\infty}O(x_0,y_0)\exp\left[\frac{\mathrm{j}k}{2z}(x_0^2+y_0^2)\right]\times$$

$$\exp\left[-\frac{\mathrm{j}k}{z}(xx_0+yy_0)\right]\mathrm{d}x_0\mathrm{d}y_0 \tag{8.9}$$

根据傅里叶变换的定义,式(8.9)中积分部分即为函数 $O(x_0,y_0)\exp\times$ $\left[\frac{\mathrm{j}k}{2z}(x_0^2+y_0^2)\right]$ 的傅里叶变换,因此,式(8.9)可以写成

$$O(x,y) = \frac{\exp(\mathrm{j}kz)}{\mathrm{j}\lambda z}\exp\left[\frac{\mathrm{j}k}{2z}(x^2+y^2)\right]\mathrm{FT}\left\{O_0(x_0,y_0)\exp\left[\frac{\mathrm{j}k}{2z}(x_0^2+y_0^2)\right]\right\} \tag{8.10}$$

式中,FT{}表示二维傅里叶变换。这种算法只需要进行一次快速傅里叶变换就可完成衍射积分的计算,所以又称为 S-FFT(single fast Fourier transform)算法。

在计算机中进行光的衍射传播计算时,数据是离散化的。设物面的大小为 $L_{x0}\times L_{y0}$,共有 $N_x\times N_y$ 个采样点,式(8.9)的离散形式为

$$O(m,n) = \frac{\exp(\mathrm{j}kz)}{\mathrm{j}\lambda z}\exp\left(\frac{\mathrm{j}k}{2z}[m^2\Delta x^2+n^2\Delta y^2]\right)\times$$

$$\mathrm{FT}\left\{O_0(k,l)\exp\left(\frac{\mathrm{j}k}{2z}[k^2\Delta x_0^2+l^2\Delta y_0^2]\right)\right\} \tag{8.11}$$

式中,m,n,k,l 是整数;$-\dfrac{N_x}{2}\leqslant m,k\leqslant\dfrac{N_x}{2}-1,-\dfrac{N_y}{2}\leqslant n,l\leqslant\dfrac{N_y}{2}-1$;$\Delta x_0$ 和 Δy_0 是物平面上横向与纵向的采样间隔;Δx 和 Δy 分别为记录面内每个离散单元对应的横向与纵向空间尺寸

$$\Delta x = \frac{\lambda z}{N_x\Delta x_0}, \quad \Delta y = \frac{\lambda z}{N_y\Delta x_0} \tag{8.12}$$

因此,该算法得到的衍射光场大小为

$$L_x = \frac{N_x\lambda z}{L_{x0}}, \quad L_y = \frac{N_y\lambda z}{L_{y0}} \tag{8.13}$$

其不但是波长的函数,也是采样数和衍射传播距离的函数。当 z 较小时,需要较大的采样数才能得到正确的计算结果,否则将因欠采样而不能得到正确的光场分布结果。因此,该算法主要适用于衍射距离 z 较大的情况下进行衍射光场的计算。

2. 卷积传播法

定义脉冲响应函数

$$h(x,y) = \frac{\exp(jkz)}{j\lambda z}\exp\left[\frac{jk}{2z}(x^2+y^2)\right] \tag{8.14}$$

式(8.8)所示的衍射积分可表示为卷积形式

$$O(x,y) = O_0(x_0,y_0) \otimes h(x,y) \tag{8.15}$$

式中,$\otimes$表示卷积运算。在空域完成卷积运算需要较长的计算时间,通常变换到频域完成,具体分两步进行:首先将物平面的复振幅$O_0(x_0,y_0)$和脉冲响应函数$h(x,y)$作傅里叶变换,并在频域相乘;然后对相乘的结果再作傅里叶逆变换得到衍射传播的光场分布,具体表示为

$$O(x,y) = FT^{-1}\left[FT(O_0(x_0,y_0)) \cdot FT(h(x,y))\right] \tag{8.16}$$

式中,FT 和 FT^{-1} 分别表示傅里叶变换和傅里叶逆变换。由于该算法需要通过三次傅里叶变换完成衍射计算,故又称为 T-FFT(triple fast Fourier transform)算法。该算法中,由于光场 $O_0(x_0, y_0)$ 与啁啾函数(chirp function)$\exp\left[\dfrac{jk}{2z}(x^2+y^2)\right]$的频谱在频域相乘,要求是频谱中相同频率的成分对应相乘,同时由于采样数是一样的,因此计算得到的衍射光场大小与衍射面的大小相等。但是,当衍射距离 z 较小时,计算啁啾函数的频谱时将出现欠采样现象,进而导致计算得到的衍射图样完全失真。

8.2.2 衍射的角谱传播

从二维傅里叶分析出发,可以将物平面上的光波场分解为具有不同权重的沿不同方向传播的平面波的叠加。在 $z=0$ 平面内,可以把复指数函数 $\exp[j2\pi(f_x x + f_y y)]$ 看成是一个平面波,它传播的方向余弦是

$$\alpha = \lambda f_x, \quad \beta = \lambda f_y, \quad \gamma = \sqrt{1-(\lambda f_x)^2-(\lambda f_y)^2} \tag{8.17}$$

函数 $O_0(x_0, y_0)$ 的傅里叶分解式为

$$A_0(f_x,f_y) = \int_{-\infty}^{\infty}\int_{-\infty}^{\infty} O_0(x_0,y_0)\exp\left[-j2\pi(f_x x + f_y y)\right]\mathrm{d}x\mathrm{d}y \tag{8.18}$$

又可称为光波 $O_0(x_0, y_0)$ 的角谱。根据角谱传播理论,角谱传播一段距离 z 后,只改变各个角谱分量的相对位相。即传播到 x-y 平面内的角谱表示为

$$A(f_x,f_y) = A_0(f_x,f_y)\exp\left[-jkz\sqrt{1-(\lambda f_x)^2-(\lambda f_y)^2}\right] \tag{8.19}$$

对该角谱作傅里叶逆变换,即得到 x-y 平面内的光场分布

$$O(x,y) = \int_{-\infty}^{\infty}\int_{-\infty}^{\infty} A(f_x, f_y)\exp\left[j2\pi(xf_x + yf_y)\right]\,df_x\,df_y$$

$$(8.20)$$

定义角谱衍射的传递函数

$$H(f_x, f_y) = \exp\left[jkz\sqrt{1 - \lambda^2(f_x^2 + f_y^2)}\right] \qquad (8.21)$$

则 x-y 平面内的光场分布可表示为

$$O(x,y) = \mathrm{FT}^{-1}\{\mathrm{FT}\left[O_0(x_0, y_0)\right] H(f_x, f_y)\} \qquad (8.22)$$

由此可见,在计算机中,根据 x_0-y_0 平面内的光波场 $O_0(x_0, y_0)$ 计算传播到 x-y 平面内的复振幅可以通过两次傅里叶变换来完成。因此,这种算法又称为 D-FFT(double fast Fourier transform)算法。

对角谱衍射的传递函数中相位因子的根号部分进行泰勒展开,在傍轴条件下,省略其中的高次项,可将传递函数近似为

$$H(f_x, f_y) \approx \exp\left[jkz\left(1 - \frac{\lambda^2}{2}(f_x^2 + f_y^2)\right)\right] \qquad (8.23)$$

这就是式(8.14)所示的脉冲响应函数傅里叶变换的解析解。

在计算机中进行离散化计算时,只需将频域中 x 和 y 方向的频率值 f_x 和 f_y 代入式(8.21)和式(8.22)即可。假设要计算的物面大小为 $L_{x0} \times L_{y0}$,共有 $N_x \times N_y$ 个采样点,则在频域中的最高空间频率分别为

$$f_{x\max} = \frac{N_x}{2L_{x0}}, \quad f_{y\max} = \frac{N_y}{2L_{y0}} \qquad (8.24)$$

所以,f_x 的取值应为从 $-f_{x\max} \sim f_{x\max}$ 取 N_x 个点。f_y 的取值应为从 $-f_{y\max} \sim f_{y\max}$ 取 N_y 个点。这种算法计算得到的衍射光场大小与衍射面的大小相等,且在衍射传播距离很小时也不会因欠采样出现计算结果的失真,适合于传播距离较小时衍射光场的计算问题。

8.3　实验设备

计算机,MATLAB 软件。

8.4　实验内容

1. 用菲涅耳变换衍射传播法模拟光的衍射传播

利用以下参考程序模拟平行光经过衍射孔之后的衍射传播,通过改变其中的各种参数(如抽样数、抽样间隔、衍射距离、衍射屏形状),观察衍射光

场分布的变化。

MATLAB 参考程序：

```
close all; clear; clc;
r = 512,c = r;                           % 给出衍射面上的抽样数
a = zeros(r,c);                          % 预设衍射面
a(112:400,112:400) = 1;                  % 生成衍射孔,也可用 imread 读入一幅
                                         % 图作为衍射屏
figure,imshow(a,[])                      % 显示衍射屏形状
lamda = 6328 * 10^( - 10);k = 2 * pi/lamda;    % 赋值波长、波数
delta = 5 * 10^ - 6;                     % 给定衍射面抽样间隔,单位：m
L0 = r * delta;                          % 赋值衍射面尺寸,单位：m
d = 0.03;                                % 赋值观察屏到衍射面的距离,单位：m
x0 = linspace( - L0/2,L0/2,c);           % 生成衍射面 x 轴坐标
y0 = linspace( - L0/2,L0/2,r);           % 生成衍射面 y 轴坐标
[x0,y0] = meshgrid(x0,y0);               % 生成衍射面二维坐标网格
L = r * lamda * d/L0,                     % 给出观察屏的尺寸,单位：m
x = linspace( - L/2,L/2,c);              % 生成观察屏 x 轴坐标
y = linspace( - L/2,L/2,r);              % 生成观察屏 y 轴坐标
[x,y] = meshgrid(x,y);                   % 生成观察屏二维坐标网格
% 下面开始用式(8.10)计算衍射积分
F0 = exp(j * k * d)/(j * lamda * d) * exp(j * k/2/d * (x.^2 + y.^2));
                                         % 赋值 exp(ikd)/(iλd)exp[ik(x2 + y2) /2d]
F = exp(j * k/2/d * (x0.^2 + y0.^2));     % 赋值 exp[ik (x02 + y02) /2d]
a = a. * F;                              % 赋值 U0(x0,y0)exp[ik (x02 + y02) /2d]
Ff = fftshift(fft2(fftshift(a)));        % 完成 U0(x0,y0)exp[ik (x02 + y02) /2d]
                                         % 的傅里叶变换
Fuf = F0. * Ff;                          % 得到观察屏的光场分布 U (x,y)
I = Fuf. * conj(Fuf);                    % 计算观察屏上的光强分布
figure,imshow(I,[0,max(max(I))]),colormap(gray)    % 显示观察屏上光强分布
figure,imshow(angle(Fuf),[])             % 显示观察屏上相位分布
```

2. 用卷积传播法模拟光的衍射传播

利用以下参考程序模拟平行光经过衍射孔之后的衍射传播,通过改变其中的各种参数(如抽样数、抽样间隔、衍射距离、衍射屏形状),观察衍射光场分布的变化。

```
close all;clear all;clc;
r = 512,c = r;                           % 给出衍射面上的抽样数
a = zeros(r,c);                          % 预设衍射面
a(r/2 - r/4:r/2 + r/4,c/2 - c/4:c/2 + c/4) = 1;    % 生成衍射孔
lamda = 6328 * 10^( - 10);k = 2 * pi/lamda;    % 赋值波长、波数
L0 = 5 * 10^( - 3);                      % 赋值衍射面尺寸,单位:m
d = 0.1;                                 % 赋值观察屏到衍射面的距离,单位:m
x0 = linspace( - L0/2,L0/2,c);           % 生成衍射面 x 轴坐标
```

```
y0 = linspace( - L0/2,L0/2,r);                    % 生成衍射面 y 轴坐标
[x0,y0] = meshgrid(x0,y0);                         % 生成衍射面的二维坐标网格
% 下面开始用式(8.15)计算衍射积分
F0 = exp(j * k * d)/(j * lamda * d);               % 赋值 exp(ikd)/(iλd)
F1 = exp(j * k/2/d * (x0.^2 + y0.^2));             % 赋值 exp[ik(x02 + y02)/2d]
fa = fft2(a);                                      % 完成光场 U0(x0,y0)的傅里叶变换
fF1 = fft2(F1);                                    % 完成 exp[ik(x02 + y02)/2d]的傅里叶
                                                   % 变换
Fuf = fa. * fF1;                                   % 完成频谱相乘
U = F0. * fftshift(ifft2(Fuf));                    % 得到观察屏上的光场分布 U(x,y)
I = U. * conj(U);                                  % 计算观察屏上的光强分布
figure, imshow(I,[0,max(max(I))])                  % 显示观察屏上光强分布
```

3. 角谱传播法模拟光的衍射传播

利用以下参考程序模拟平行光经过衍射孔之后的衍射传播,通过改变其中的各种参数(如抽样数、抽样间隔、衍射距离、衍射屏形状),观察衍射光场分布的变化。

```
close all;clear;clc;
% 用 D - FFT 算法实现衍射积分
r = 512,c = r;                                     % 给出衍射面上的抽样数
a = ones(r,c);                                     % 预设衍射面
a(256,256) = 0;                                    % 生成衍射孔
lamda = 532 * 10^( - 9);k = 2 * pi/lamda;          % 赋值波长、波数
L0 = r * 3.9 * 10^( - 6);                          % 赋值衍射面尺寸,单位:m
d = 0.08;                                          % 赋值观察屏到衍射面的距离,单位:m
x0 = linspace( - L0/2,L0/2,c);                     % 生成衍射面 x 轴坐标
y0 = linspace( - L0/2,L0/2,r);                     % 生成衍射面 y 轴坐标
kethi = linspace( - 1./2./L0,1./2./L0,c). * c;     % 给出频域坐标
nenta = linspace( - 1./2./L0,1./2./L0,r). * r;
[kethi,nenta] = meshgrid(kethi,nenta);
H = exp(j * k * d. * (1 - lamda. * lamda. * (kethi. * kethi + nenta. * nenta)./2));
                                                   % 传递函数 H
fa = fftshift(fft2(a));                            % 衍射面上光场的傅里叶变换
Fuf = fftshift(fa. * H);                           % 光场的频谱与传递函数相乘
U = ifft2(Fuf);                                    % 在观察屏上的光场分布
I = U. * conj(U);                                  % 在观察屏上的光强分布
figure,imshow(I,[]),colormap(gray)
figure,imshow(angle(U),[])
```

4. 对比以上不同算法的实验结果

有条件的话还可对比实际衍射图样,得到各种算法的适用条件。

8.5　实验注意事项

确保模拟程序代码语法无误。

8.6　预习思考题

1. 如何在程序中表示平面波和球面波？
2. 不同衍射传播算法有什么优缺点？适用条件是什么？

8.7　实验报告

1. 自行设计衍射屏结构，给出不同条件（传播距离、波长、采样间隔等）下的衍射传播光强分布及相位分布图，描述衍射光强分布规律。
2. 对比分析不同算法的优缺点和适用条件。

実験 **9**

数字全息成像

9.1 实验目的

1. 学习数字全息的原理及特点。
2. 掌握数字全息记录的条件。
3. 掌握 1～2 种数字全息再现算法。

9.2 实验原理

9.2.1 全息图的产生

图 9.1 所示为形成菲涅耳数字全息图的基本原理图,物体到记录面的距离称为记录距离,用 z 表示。

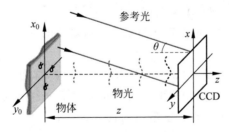

图 9.1 数字全息记录光路示意图

物光与参考光在记录面内相干叠加,形成全息图的光强分布可表示为

$$I(x,y) = |R(x,y)+O(x,y)|^2$$
$$= |R(x,y)|^2 + |O(x,y)|^2 + R^*(x,y)O(x,y) + R(x,y)O^*(x,y)$$
$$(9.1)$$

式中,R^* 表示参考光的共轭复振幅;O^* 表示物光的共轭复振幅。

9.2.2　数字全息图的记录

数字全息中,一般采用没有镜头的数码相机或摄像机记录全息图。这一过程可看成是利用图像传感器对全息图进行二维取样离散化的过程。目前,常见的图像传感器有电荷耦合器件(charge-coupled device,CCD)和互补金属氧化物半导体图像传感器(complementary metal-oxide-semiconductor,CMOS)两种。

若将数字图像传感器每一个像素看成一个理想点,则其对全息图的二维采样过程可表示为

$$I_s(x,y) = \mathrm{comb}\left(\frac{x}{\Delta_x}, \frac{y}{\Delta_y}\right) I(x,y) \tag{9.2}$$

式中,comb 为梳状函数;Δ_x 和 Δ_y 分别表示梳状函数在 x 和 y 方向的间隔,即采样间隔。假设全息图 $I(x,y)$ 为带限函数,它的频谱 $i(f_x,f_y)$ 只在频率空间有限的区域内不为零,其 x 和 y 方向的最高频率分别为 B_x,B_y。只有在 Δ_x 和 Δ_y 足够小时,才能使 $\frac{1}{\Delta_x}$ 和 $\frac{1}{\Delta_y}$ 足够大,保证相邻区域的频谱之间有足够大的间隔不会重叠,从而在数字信号处理时采用滤波的方式得到原全息图的频谱,获取全息图的有效信息。因此,必须满足

$$\frac{1}{\Delta_x} \geqslant 2B_x, \quad \frac{1}{\Delta_y} \geqslant 2B_y \tag{9.3}$$

式中,$1/\Delta_x$ 和 $1/\Delta_y$ 为 x 方向和 y 方向的采样频率,即要求采样频率大于信息频率的两倍,此即为奈奎斯特(Nyquist)采样定理。

数字全息的分类:根据物光与参考光波之间的夹角,可分为同轴数字全息和离轴数字全息。

图 9.1 中物光与参考光之间的夹角 $\theta = 0$ 时,称为同轴数字全息。当要成像的目标较小时,可以用一束光实现同轴数字全息图的记录,如图 9.2 所示,具有光路简单、可实现数字聚焦的特点,特别适合用于对微小浮游生物、空间粒子场的成像检测。当成像目标较大时,需要利用分光棱镜(半透半反镜)加入与物光平行的参考光。同轴数字全息成像时存在共轭像的干扰(共轭像与物像重合),应设法消除相关影响,这也是近些年同轴数字全息成像研究的前沿热点之一。

图 9.1 中物光与参考光之间的夹角不为 0 时,称为离轴数字全息。选择合适的 θ 角和记录距离,可使共轭像与物像相互分离。为满足奈奎斯特采样定理,记录距离应满足

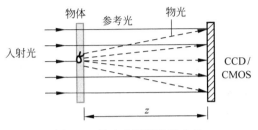

图 9.2 单光束同轴数字全息

$$z \geqslant \frac{(D + M\Delta)\Delta}{\lambda - 2\Delta \sin\theta} \tag{9.4}$$

式中,D 为物体大小;M 为图像传感器在 x 方向的像素个数;Δ 为采样间隔(即图像传感器的像素中心间距,x 方向和 y 方向一般具有相同的采样间隔)。同时,物光与参考光之间的夹角不宜太大,一般取 $2°\sim5°$。简单的离轴数字全息记录光路可采用如图 9.3 所示的光路。可采用光纤耦合激光器或扩束后的激光器作为光源,发出的光为球面波,经平面波反射的光作为参考光照射到数码相机的图像传感器上,经物体反射的光到达图像传感器上即为物光。利用数码相机拍摄两束光发生干涉形成干涉条纹图即为数字全息图。

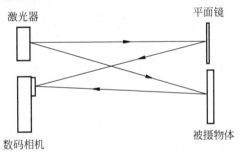

图 9.3 离轴数字全息记录光路

9.2.3 数字全息再现

数字全息再现原理与光学全息再现的原理是类似的,都是基于光的衍射原理。所不同的是,数字全息的再现过程是在计算机中利用实验 8 中的算法模拟参考光照射全息图后的衍射传播过程,实现物光波的复振幅重建。

对平行光记录的同轴数字全息图进行再现最适合采用角谱传播法,只需将归一化后的全息图作为实验 8 中的衍射屏,向前或向后传播与记录距离相同,即可得到物体的再现像。而离轴数字全息再现比较适合采用菲涅耳变换衍射传播法。

9.3 实验设备

光学防振平台,单纵模光激光器,组合式针孔滤波器(含物镜和针孔),无镜头数码相机,反射镜,光学调整架,等。

9.4 实验内容

1. 同轴数字全息记录和再现

选用分辨率板为物体,利用准直平行光或扩束球面波照明物体,光波经过物体到达数码相机的图像传感器上,调节激光强度和数码相机曝光参数,使能观察到清晰的全息图条纹。

拍摄记录全息图,将全息图导入计算机后,利用以下 MATLAB 程序进行再现

```
close all;clear;clc;
I = imread('F:\单光束反射式\DSCF0304.jpg');        % 读入数字全息图(路径)
II = zeros(6000,6000);                              % 预设全息图(补零)
II(1001:5000,:) = double(I(:,:,2))./255;            % 读取数字全息图的第二层
                                                    % (绿色)分量并进行归一化

imshow(II);                                         % 显示全息图
lamda = 532 * 10^( - 9);k = 2 * pi/lamda;           % 赋值波长、波数
[r,c] = size(II);                                   % 计算全息图的大小(像素)
L0 = r * 3.9 * 10^( - 6);                           % 赋值衍射面尺寸,单位:m
d = 0.08;                                           % 赋值再现距离,单位:m
x0 = linspace( - L0/2,L0/2,c);                      % 生成衍射面 x 轴坐标
y0 = linspace( - L0/2,L0/2,r);                      % 生成衍射面 y 轴坐标
kethi = linspace( - 1./2./L0,1./2./L0,c). * c;      % 给出频域坐标
nenta = linspace( - 1./2./L0,1./2./L0,r). * r;
[kethi,nenta] = meshgrid(kethi,nenta);
H = exp(j * k * d. * (1 - lamda. * lamda. * (kethi. * kethi + nenta. * nenta)./2));
                                                    % 传递函数 H
fa = fftshift(fft2(II));                            % 全息图的傅里叶变换
Fuf = fftshift(fa. * H);                            % 频谱与传递函数相乘
U = ifft2(Fuf);                                     % 在观察屏上的光场分布
I = U. * conj(U);                                   % 在观察屏上的光强分布,
                                                    % 即再现像

figure,imshow(I,[]),colormap(gray)
```

运行后,如果不能得到清晰的再现像,可以调节再现距离,直至得到清晰的再现像。分析再现距离与记录距离的关系。

2. 离轴数字全息记录和再现

选用硬币等小物体进行成像,在光学平台上搭建如图 9.3 所示的光路,调节激光强度和数码相机曝光参数,使能观察到清晰的全息图条纹。

拍摄记录全息图,将全息图导入电脑后,利用以下 MATLAB 程序进行再现:

```
clear;close all;
I = imread('F:\单光束反射式\DSCF0304.jpg');      % 读入数字全息图(路径)
II = zeros(6000,6000);                        % 预设全息图(补零)
II(1001:5000,:) = double(I(:,:,2))./255;      % 读取数字全息图的第二层
                                              % (绿色)并归一化

imshow(II);
FF = abs(fftshift(fft2(II)));                 % 计算全息图的频谱
figure,imshow(FF,[0,max(max(FF))/1000])       % 显示计算全息图的频谱
lamda = 5320 * 10^( - 10);k = 2 * pi/lamda;   % 赋值波长、波数
[r,c] = size(II);                             % 计算全息图的大小(像素)
Lox = c * 3.9 * 10^( - 6)                      % 赋值全息图的尺寸(纵向),
                                              % 单位:m
Loy = r * 3.9 * 10^( - 6)                      % 赋值全息图的尺寸(纵向),
                                              % 单位:m
xo = linspace( - Lox/2,Lox/2,c);              % 生成全息图的 x 坐标
yo = linspace( - Loy/2,Loy/2,r);              % 生成全息图的 y 坐标
[xo,yo] = meshgrid(xo,yo);                    % 生成全息图的坐标网格
% 下面用 S - FFT 算法重构再现像
zi = 1.110;                                   % 设置再现距离,单位: m
Lix = c * lamda * zi/Lox                       % 给出像面的尺寸(x 方向),
                                              % 单位:m
Liy = r * lamda * zi/Loy                        % 给出像面的尺寸(y 方向),
                                              % 单位:m
x = linspace( - Lix/2,Lix/2,c);y = linspace( - Liy/2,Liy/2,r);
[x,y] = meshgrid(x,y);
F0 = exp(j * k * zi)/(j * lamda * zi) * exp(j * k/2/zi * (x.^2 + y.^2));
F = exp(j * k/2/zi * (xo.^2 + yo.^2));
% 取再现照明光垂直入射 C = 1
holo = Lox/c * Loy/r * fftshift(fft2(II. * F * 1)); holo = holo. * F0;
Ii = holo. * conj(holo);
figure,imshow(Ii,[0,max(max(Ii))./20]),colormap(pink),title('S - FFT 再现像')
```

运行后,如果不能得到清晰的再现像,可以调节再现距离,直至得到清晰的再现像。分析再现距离与记录距离的关系。

9.5 实验注意事项

1. 严禁直视激光,严禁直接用手触摸光学元件光学面;
2. 如需安装光学元件,须戴无尘手套。

9.6　预习思考题

1. 如何记录数字全息图？
2. 如何进行数字全息再现？

9.7　实验报告

1. 描述数字全息记录过程，给出同轴数字全息图或离轴数字全息图。
2. 给出数字全息再现结果，分析数字全息成像的特点。

实验 10

导电薄膜的磁控溅射制备

10.1　实验目的

1. 了解辉光放电的基本原理。
2. 掌握导电薄膜的磁控溅射制备原理及工艺。

10.2　实验原理

10.2.1　薄膜的形成过程

薄膜是一种物质形态,在科学上一般指厚度小于 $1\mu m$ 的固体材料。形成薄膜的材料十分广泛,可用单质元素或化合物,也可用无机材料或有机材料来制作薄膜。薄膜与块体物质一样,可以是非晶态的、多晶态的和单晶态的。成膜技术及薄膜产品在工业上有多方面的应用,特别是在电子工业领域里占有极其重要地位[19]。

在 17 世纪初期,人类就已经观察到了薄膜产生的干涉颜色。在 18 世纪中叶,通过化学沉积和辉光放电沉积,制备了固体薄膜。对薄膜形成机理的研究开始于 20 世纪 20 年代。白炽灯点亮一段时间后,在灯泡玻璃内形成一层不透明的薄膜,这是人们不希望发生的事情。为了解决这个问题,开始研究这个薄膜的形成过程,注意到了薄膜形成初期是一些小岛,随着时间的加长,岛长大而连成片。这是研究真空薄膜形成过程的开始。

绝大多数薄膜是黏附在基底上的,在制备薄膜时,外来原子在基底表面相遇结合在一起,称这种集合为原子团。只有具有一定数量原子的原子团才能不断吸收新加入原子而稳定地长大,这个具有临界数量原子的原子团称为临界核,继续蒸积加入原子,临界核生长成大的粒子。通常将 2~200 个原子组成的粒子称为原子团,粒子直径在 10~1000Å 的称为超微粒子,体积再大的称为颗粒。按传统的说法,把薄膜形成过程中的粒子称为"岛"。随着蒸积的继续进行,外来原子增加,岛不断长大,进一步发生岛的结合,很多岛结合起来形成通道网络结构,也称迷津结构。再继续蒸积,原子将填补迷津通道间的空间,成为连续薄膜。如果还继续蒸积,在连续膜的基础上重复上述过程,则将薄膜不断地增加厚度。这样,我们把薄膜的形成过程分为四个阶段:临界核的形成,粒子的长大,形成迷津结构和连续薄膜。

电子器件的发展,尺寸越来越小,20 世纪 40 年代的真空器件是几十厘米大小,20 世纪 60 年代的固体器件是毫米大小,20 世纪 80 年代的超大规模集成电路中的器件是微米大小。如此发展趋势要求研究亚微米和纳米的薄膜制备技术,以及利用亚微米、纳米结构的薄膜制造各种功能器件。由于薄膜科学有很多丰富的应用背景,目前已有很多薄膜被深入研究和广泛应用,如氮化钛薄膜和锆钛酸铅薄膜等。

10.2.2　溅射镀膜的原理

所谓"溅射"是指高能粒子轰击固体表面(靶),使固体原子(或分子)获得足够的能量从表面射出的现象。射出的粒子大多呈原子状态,常称为溅射原子。用于轰击靶的高能粒子可以是电子、离子或中性粒子,因为离子在电场下易于加速并获得所需动能,因此大多采用离子作为轰击粒子,该粒子又称入射离子。1852 年,格罗夫(Grove)在研究辉光放电时首先发现了溅射现象。汤姆森(Thomson)形象地把这一现象类比于水滴从高处落在平静的水面所引起的水花飞溅现象,并称其为"spluttering"。不久"sputtering"一词便用作科学术语"溅射"。与蒸发镀膜相比,溅射镀膜发展较晚,但在近代,特别是现代,这一镀膜技术却得到了广泛应用。

1. 辉光放电的原理[20-21]

溅射镀膜基于高能粒子轰击靶材时的溅射效应,而整个溅射过程都是建立在辉光放电的基础上的,即溅射离子都源于气体放电。辉光放电是在真空度约为 10^{-1} Pa 的稀薄气体中,两个电极之间加上电压时产生的一种稳定的自持放电。气体放电时,两电极的电压和电流的关系不能用简单的欧姆定律来描述,因为二者之间不是简单的直线关系。以直流辉光放电为例,图 10.1 为放电时两电极之间的电流密度-电压(j-V)特性曲线。

当两极加上直流电压时,由于宇宙线产生的游离离子和电子是很有限的,所以开始时电流非常小,此 AB 区域叫作"无光放电"。随着电压升高,带电离子和电子获得了足够能量,与中性气体分子碰撞产生电离,使电流平稳地增加,但是电压却受到电源的高输出阻抗限制而呈一常数;BC 区域称为"汤森放电区"。在此区域内,电流可在电压不变的情况下增大,然后发生

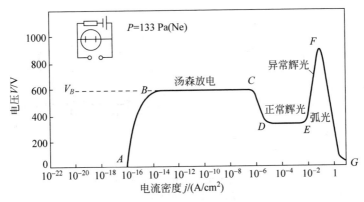

图 10.1   直流辉光放电伏安特性曲线

"雪崩点火"。离子轰击阴极,释放二次电子,二次电子与中性气体分子碰撞,产生更多的离子,这些离子再轰击阴极,又产生出新的更多二次电子。一旦产生了足够多的离子和电子后,放电达到自持,气体开始起辉,两极间电流剧增,电压迅速下降,放电呈现负阻特性。这个 CD 区域叫作过渡区。

在 D 点以后,电流与电压无关,即增大电源功率时,电压维持不变,而电流平稳增加,此时两极板间出现辉光。在这一区域内若增加电源电压或改变电阻来增加电流,则两极板间的电压仍几乎维持不变。从 D 到 E 之间的区域叫作"正常辉光放电区"。在正常辉光放电时放电自动调整阴极轰击面积。最初,轰击是不均匀的,轰击集中在靠近阴极边缘处,或在表面其他不规则处。随着电源功率的增大,轰击区逐渐增大,直到阴极面上电流密度几乎均匀为止。

E 点以后,当离子轰击覆盖整个阴极表面时,继续增加电源功率,会使放电区内的电压和电流密度(即两极间的电流)随着电压的增大而增大,EF 这一区域称"异常辉光放电区"。

在 F 点以后,整个特性都改变了,两极间电压降至很小的数值,电流大小几乎是由外电阻的大小来决定的,而且电流越大,极间电压越小,FG 区域称为"弧光放电区"。

在辉光放电时,电极之间有明显的放电辉光产生,众多的电子、原子碰撞导致原子中的轨道电子受激跃迁到高能态,而后又衰变到基态并发射光子,大量光子便形成辉光。其典型的区域划分及对应的电压、光强度、外观分布如图 10.2 所示。辉光放电时,气体分子从阴极到负辉光区的放电状态如图 10.3 所示。

其中,暗区相当于离子和电子从电场获取能量的加速区,而辉光区相当

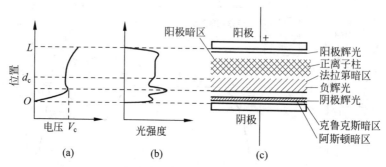

图 10.2　辉光放电的电压、光强度和外观分布
(a) 电压；(b) 光强度；(c) 外观

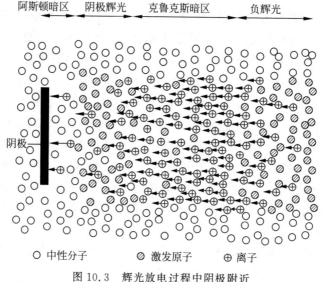

○ 中性分子　⊘ 激发原子　⊕ 离子

图 10.3　辉光放电过程中阴极附近

于与不同粒子发生碰撞、复合、电离的区域。负辉光区是发光最强的区域，它是已获加速的电子与气体发生碰撞而电离的区域。从图 10.2(a)可看出，辉光区可分成许多小区域，每一个小区域的辉光度及其宽度差别很大。由于从阴极发射出的电子只有约 1eV 的能量，很难对气体分子发生作用，所以在非常靠近阴极的地方形成一暗区，称为阿斯顿暗区。对于氖和氩一类的气体，这个暗区是很明显的，但对于其他气体，它却很窄而难以观察。从阴极发射出的电子，在穿过阿斯顿暗区的过程中，受到电场的加速。因此，当它们与气体分子作用时，就会使气体分子激发而发光，形成阴极辉光区。与气体分子没有发生作用的电子，穿过阴极辉光区后被进一步加速，再与气体

分子作用时,就会使其分解、电离,从而产生大量的离子和低速电子,形成几乎不发光的克鲁克斯暗区。克鲁克斯暗区中形成的大量的低速电子受到加速后进而激励气体分子,使其发光,这就是负辉光区。类似地,在阳极附近也出现了阳极暗区和阳极辉光区。

在溅射过程中,极板(阳极)常处于负辉光区。但是,阴极和基板之间的距离至少应是克鲁克斯暗区宽度的3~4倍。当两极的电压不变而只改变其距离时,阴极到负辉光的距离几乎不变。

2. 溅射的过程

溅射过程包括靶的溅射、各种形态粒子的逸出、溅射粒子向基片的迁移和基板上的成膜过程。

(1) **靶材的溅射过程**。当入射离子在与靶材的碰撞过程中,将动量传递给靶材原子,使其获得的能量超过其结合能时,才能使靶表面的原子发生溅射。这是靶材在溅射时主要发生的一个过程。实际上当高能入射离子轰击固体表面时还会发生如图10.4所示的许多效应。除了靶材的中性粒子,即原子或分子最终沉积为薄膜之外,其他的一些效应会对溅射膜层的生长产生很大的影响。

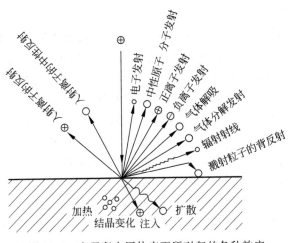

图10.4　离子轰击固体表面所引起的各种效应

(2) **溅射粒子的迁移过程**。靶材受到轰击所逸出的粒子中,正离子由于反向电场的作用不能到达基片表面,其余的粒子均会向基片迁移。大量的中性原子或分子在放电空间飞行过程中与工作气体分子发生碰撞的平均自由程 λ_1 可用下式表示[21]为

$$\lambda_1 = \bar{c}_1/(v_1 + v_2) \tag{10.1}$$

溅射镀膜的气体压力为 $10^{-1}\sim10\text{Pa}$，此时溅射粒子的平均自由程为 $1\sim10\text{cm}$，因此，靶与基片的距离应与该值大致相等。

（3）**溅射粒子的成膜过程**。溅射镀膜时薄膜的成膜过程中主要的问题有：①沉积速率，即从靶材上溅射出来的物质在单位时间内沉积在基片上的厚度。该速率与溅射速率成正比；②沉积薄膜的纯度，为了提高沉积薄膜的纯度必须尽量减少沉积到基片上杂质的量（主要指真空室的残余气体）；③沉积过程中的污染，如真空室中零件上可能吸附的气体以及基片表面的颗粒物质难以避免，则沉积薄膜前把真空室的压强降低到高真空区内（10^{-4}Pa）并且彻底清洗基片是很有必要的；④成膜过程中溅射条件的控制。

10.2.3　反应磁控溅射的原理

溅射镀膜的方式很多，有二级溅射、三或四级溅射和磁控溅射等。射频溅射为制备绝缘薄膜而研制，反应溅射可制备化合物薄膜。本文采用的薄膜制备方法是反应磁控溅射法，所以这里着重介绍反应溅射和磁控溅射的原理。

1. 磁控溅射

通常的溅射方法，溅射效率不高，为了提高溅射效率必须提高气体的离化率。溅射过程中，当经过加速的入射离子轰击靶材（阴极）表面时，会引起电子发射，在阴极表面产生的这些电子，开始向阳极加速后进入负辉光区，并与中性的气体原子碰撞，产生自持的辉光放电所需的离子。这些所谓的初始电子的平均自由程随电子能量的增大而增大，但随气压的增大而减小。在低气压下，离子是在远离阴极的地方产生的，从而它们的热损失较大，同时，有很多初始电子可以较大的能量碰撞阳极，所引起的损失又不能被碰撞引起的次级发射电子抵消，这时离化率很低，以至于不能达到自持的辉光放电所需的离子。通过增大加速电压的方法也同时增加了电子的平均自由程，从而不能有效地增加离化率。增加气压可以增加离化率，但在较高的气压下，溅射出的粒子和气体的碰撞的机会也增大了，实际的溅射率也不能有很大的提高。

磁控溅射是 20 世纪 70 年代迅速发展起来的一种高速溅射技术。在磁控溅射中引入了正交磁场，将初始电子的运动限制在邻近阴极的区域，使离化率和溅射得到显著提高，可以在较低工作电压和气压得到较高的沉积速率。通过磁场提高溅射率的基本原理由 Penning[22] 60 多年前所发明，后来由 Kay 和其他人[23-25]发展起来的。

磁控溅射必须具备两个条件：①磁场与电场正交；②磁场方向与阴极表面平行。其溅射的工作原理如图 10.5 所示。

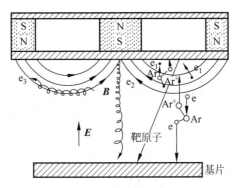

图 10.5　磁控溅射工作原理

电子 e 在电场 **E** 作用下，在飞向基板过程中与氩原子发生碰撞，使其电离出 Ar^+ 和一个新的电子，电子飞向基片，Ar^+ 在电场作用下加速飞向阴极靶，并以高能量轰击靶面，使靶材发生溅射。在溅射粒子中，中性的靶原子或分子则沉积在基片上形成薄膜。二次电子 e_1 一旦离开靶面，就同时受到电场和磁场的作用。为了便于说明电子的运动情况，可近似认为：二次电子在阴极暗区时只受电场作用；一旦进入负辉光区就只受磁场作用。于是，从靶面发出的二次电子，首先在阴极暗区受到电场加速，飞向负辉光区。进入负辉光区的电子具有一定速度，并且是垂直于磁力线运动的。在这种情况下，电子由于受到磁场 **B** 洛伦兹力的作用，而绕磁力线旋转。电子旋转半圈之后，重新进入阴极暗区，受到电场减速。当电子接近靶面时，速度即可降到零。以后，电子又在电场的作用下，再次飞离靶面，开始一个新的运动周期。如图 10.6 所示，电子就这样周而复始，跳跃式地朝 **E**（电场）×**B**（磁场）所指的方向漂移。简称 **E**×**B** 漂移。电子在正交电磁场作用下的运动轨迹近似于一条摆线。若为环形磁场，则电子就以近似摆线形式在靶表面作圆周运动。

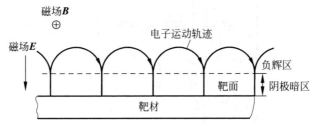

图 10.6　电子在正交电磁场下的 **E**×**B** 漂移

二次电子在环状磁场的控制下,运动路径不仅很长,而且被束缚在靠近靶表面的等离子体区域,在该区中电离出大量的 Ar^+ 离子用来轰击靶材,从而实现了磁控溅射沉积速率高的特点。随着碰撞次数的增加,电子 e_1 的能量消耗殆尽,逐步远离靶面。并在电场 E 的作用下最终沉积在基片上。由于该电子的能量很低,传给基片的能量很小,致使基片温升较低。另外,对于 e_2 类电子来说,由于磁极轴线处的电场与磁场平行,电子 e_2 将直接飞向基片,但是在磁极轴线处离子密度很低,所以 e_2 电子很少,对基片温升的作用极微。

总的来说,磁控溅射的基本原理,就是以磁场来改变电子的运动方向,并束缚和延长电子的运动轨迹,从而提高了电子对工作气体的电离概率,有效地利用了电子的能量。磁控溅射的电源可为直流(DC)电源,也可为射频(RF)电源,故能使用各种原材料(导体、介质)制备薄膜。

2. 反应溅射

利用溅射技术制备介质薄膜的一种方法就是采用反应溅射法。即在溅射镀膜时,引入某些活性反应气体,来改变或控制沉积特性,可获得不同于靶材的新物质薄膜。例如在 O_2 中溅射反应而获得氧化物,在 N_2 或 NH_3 中获得氮化物,在 O_2 和 N_2 混合气体中得到氮氧化合物等。

反应溅射的反应过程基本上发生在基体表面,气相反应几乎可以忽略。另一方面,溅射时靶面的反应也不可忽视,这是因为受离子轰击的靶面金属原子变得非常活跃,加上靶面升温,将使得靶面的反应速度大大增加。这时,在靶面就可能存在着溅射和反应生成化合物两过程。反应溅射的过程如图 10.7 所示。

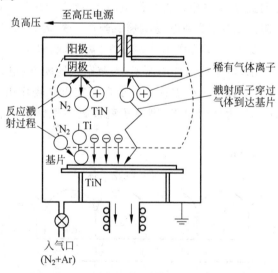

图 10.7 反应溅射的工作原理示意

　　通常的反应气体有氧、氮、甲烷、一氧化碳等。如前所述根据反应溅射气体压力的不同,反应过程可以发生在基片上或发生在阴极(反应后以化合物形式迁移到基片上)。一般反应溅射的气压都很低,气相反应不显著。但是,等离子体中流通电流很高,在反应气体分子的分解、激发和电离过程中,该电流起着重要作用。因此,反应溅射中产生一股强大的由载能游离原子团组成的粒子流伴随着溅射出来的靶原子从阴极靶流向基片,在基片上克服与薄膜生长有关的激活能且形成化合物,这就是反应溅射的主要机理。大量实验结果表明,金属化合物的形成全都发生在基片上。

10.3　实验设备

　　MS-500C半导体磁控溅射镀膜仪,空气压缩机,各种工作气体等。

10.4　实验内容

　　1. 实验基底的制备;
　　2. 观察辉光放电实验现象和产生条件;
　　3. 采用不同制备工艺参数制备导电薄膜。

10.5　实验注意事项

　　在教师的指导下,按照操作流程进行相应的操作,并注意发现和探索相关的物理规律与知识。

10.6　预习思考题

　　1. 什么是辉光放电及其原理?
　　2. 磁控溅射制备导电薄膜的基本原理是什么?

10.7　实验报告

　　1. 观察辉光放电的实验现象并拍照记录;
　　2. 解释实验过程中所观察到的物理知识等。

实验 11

导电薄膜的光学和电学性能测试

11.1　实验目的

1. 掌握导电薄膜光学性能的基本测试方法。
2. 掌握导电薄膜电学性能的基本测试方法。

11.2　实验原理

11.2.1　物相分析(X 射线衍射)

X 射线衍射和其他衍射方法有共同的物理基础：都利用电磁波(或物质波)和周期结构的衍射效应。用于研究晶体结构的 X 射线衍射的物理基础是布拉格公式和衍射理论。

布拉格公式一般表示为 $2d\sin\theta = n\lambda$。这里 d 是(hkl)晶面间距,θ 是布拉格角(入射角或衍射角),整数 n 是衍射级数,λ 是 X 射线的波长。出射的衍射线方向是晶面(不一定是晶面的几何表面)的镜面反射方向(入射角和衍射角都等于布拉格角),因此布拉格衍射又称布拉格反射。

本文采用英国 Bede-D1 型 X 射线衍射仪对样品进行物相分析,X 射线源为 $CuK_\alpha(\lambda = 0.154056nm)$ 射线,扫描方式为 $\theta/2\theta$ 步进扫描、步长 $0.02°$、停留时间 $0.1s/step$、扫描范围 $20°\sim80°$;加速电压 $40kV$,电流 $40mA$;采用(002)石墨单色器过滤 CuK_β 射线及消除背底、提高信噪比。

11.2.2　表面形貌分析(原子力显微镜)

原子力显微镜(AFM)的基本原理与扫描隧道显微镜(STM)类似,在 AFM 中,对微弱力非常敏感的弹性悬臂上的针尖尖端对样品表面作光栅式扫描。当针尖尖端和样品表面的距离非常接近时,针尖尖端的原子与样品表面的原子之间存在极微弱力($10^{-12}\sim10^{-6}N$),微悬臂会发生微小的弹性形变。针尖与样品之间的力 F 与微悬臂的形变 x 之间遵循胡克定律：$F = -kx$，其中，k 为微悬臂的力常数。测定微悬臂形变量的大小，就可以获得针尖与样品之间作用力的大小。针尖与样品之间的作用力与距离有强烈的依赖关系，保持微悬臂的弹性形变量不变，针尖就会随样品表面上下起伏，利用光学检测法或隧道电流检测法，可测得微悬臂对应于扫描各点的位置变化，用计算机记录每个 (x,y) 面上针尖上下移动（z 方向）的轨迹，从而可以获得样品表面形貌的信息。

本文采用上海爱建纳米科技发展有限公司生产的 AJ-Ⅲ 型原子力显微镜，以轻敲模式测试薄膜的表面形貌，并利用其离线软件对 TiN$_x$ 薄膜的颗粒平均直径、表面均方粗糙度进行分析，扫描范围为 $1\mu m \times 1\mu m$。

11.2.3　薄膜厚度测试（台阶仪）

触针式台阶仪根据表面轮廓模拟或数学方法得到表面台阶的特征参数。测量中，它采用差动变压器式位移传感器通过探针对样品表面进行机械扫描，探针材料一般为钻石，针尖半径为几个微米。这样，传感器就输出一个与被测表面台阶高度成正比的电信号，经过处理，便将表面轮廓及台阶参数打印出来，或在电视显示屏上显示。

本文采用美国 VEECO 公司的 DEKTAK 6M 台阶仪测试 TiN$_x$ 薄膜厚度。

11.2.4　电阻率测试（四探针测试仪）

薄膜材料的电阻率一般用四探针法测定。四探针由四根具有较高弹性模量的金属针（如钨、碳化钨或其他硬质合金丝组成），针尖彼此排成直线，以相等的压力压在任意形状和半无限大的样品表面，一对探针为电流探针，由恒流源供电，在薄层中通过一定量的电流 I，另一对内探针为电位探针，此两个探针间存在电位差 ΔV。若四探针间彼此间距 S，则材料的电阻率 ρ 为

$$\rho = 2\pi S \left(\frac{\Delta V}{I} \right)$$

本文采用广州半导体材料研究所的 SDY-5 型双电四探针测试仪测试薄膜的方块电阻及电阻率。考虑到磁控溅射薄膜表面的不均匀性，用四探针测试仪测试薄膜的方块电阻时，分别在 TiN$_x$ 薄膜三个不同地方测试，结果取其平均值。

11.2.5 光学反射率的测试（紫外可见分光光度计）

紫外可见分光光度计工作原理：当特定强度的入射光束（incident beam）通过装有均匀待测物的介质时，该光束将被部分吸收，未被吸收的光将透过待测物溶液以及通过散射（scattering）、反射（reflection），包括在液面和容器表面的反射而损失，这种损失有时可达 10%，在样品测量时必须同时采用参比池和参比溶液扣除这些影响。当入射光波长一定时，待测溶液的吸光度 A 与其浓度和液层厚度成正比（Lambert-Beer 定律），由于该仪器通常只能测定液态物质的反射率和透射率，而要测定薄膜的反射率与透射率，只需要另加一反射附件。

本论文利用上海精密仪器公司生产的 UV762 型双光束紫外可见分光光度计在 350～1000nm 波长范围内测定薄膜在可见-近红外光区的反射率，得到薄膜在可见-近红外光区的反射谱。

11.3 实验设备

X 射线衍射，原子力显微镜（AFM），四探针电阻率测试仪，等等。

11.4 实验内容

1. 测试所制备实验样品的光学性能；
2. 测试所制备实验样品的电学性能。

11.5 实验注意事项

在教师的指导下，按照操作流程进行相应的操作，并注意发现和探索相关的物理规律与知识。

11.6 预习思考题

各测试设备的工作原理是什么？

11.7 实验报告

记录所制备的导电薄膜的测试结果，并进行数据分析，获得初步的实验结论。

实验 12

ITO半导体薄膜的电子束蒸镀制备

12.1 实验目的

1. 了解铟锡氧化物(indium tin oxide,ITO)半导体薄膜的基本概念。
2. 掌握 ITO 半导体薄膜的蒸镀及退火方法,成功制备 ITO 薄膜。
3. 观察并解释 ITO 薄膜制备过程中的现象。

12.2 实验原理

12.2.1 晶体结构

ITO 薄膜是一种高简并、宽禁带($E_g = 3.64\text{eV}$)的 N 型半导体材料,是一种透明导电材料,具有可见光透光率高(90%)、电阻率低($1 \sim 4 \times 10^{-4} \Omega \cdot \text{cm}$)、机械硬度高等特点,常应用于平面显示(如液晶显示(LCD)、有机发光显示(OLED)、电致变色显示(ECD)、电致发光显示(ELD))、太阳电池、触摸屏等电子仪器,以及防微波辐射、防静电等领域[26]。

通过在 In_2O_3 中掺入杂质 Sn,可获得 ITO 薄膜。由于 Sn 是替位式杂质,ITO 的晶体结构与 In_2O_3 一致,并未改变,但由于 Sn^{4+}、Sn^{2+} 和 In^{3+} 的离子半径分别为 0.069nm,0.093nm 和 0.079nm,相比 In_2O_3 材料的晶格常数(1.0118nm),高温退火制备获得的 ITO 薄膜因 Sn^{4+} 的替位掺杂导致晶格收缩,晶格常数略低[27]。其中,In_2O_3 为立方铁锰矿型晶格结构的多晶体,结构如图 12.1 所示,每个元胞中,由 32 个氧离子依尖晶石结构排列成立方密堆积;立方格子中心为铟原子(白色小球),顶角为氧原子(红色小球,6 个),对角上为氧空位(2 个)。

12.2.2 制备方法

制备 ITO 薄膜的方法有多种,制备工艺不同薄膜性质不同。为获得性能优化：透光率高、电阻率低、表面形貌好、附着性好、生长温度接近室温的 ITO 薄膜材料，需通过选择合适的制备方法、调试优化制备工艺参数实现。常用的制备方法有：电子束蒸镀法、溅射法、脉冲激光沉积法、化学气相沉积法、溶胶-凝胶法、喷雾热解法等。

彩图 12.1

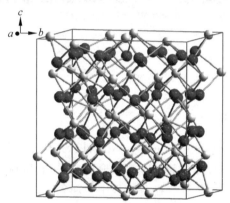

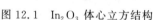

图 12.1　In_2O_3 体心立方结构

其中，电子束蒸镀法是通过在真空氛围中，加热放置在蒸发容器中的原材料，使其原子或分子从中氧化逸出，入射沉积到基底表面，形成薄膜的方法，具有成膜速率快、厚度精确可控、设备简单、易操作、用途广等优点。制成的薄膜质量好、纯度高，但多为非晶结构、黏附性弱，需通过热处理完成向多晶结构转变。溅射法是基于气体辉光放电的原理，如图 12.2 所示，通过将 Ar 等稀有气体置于高频电场下发生气体放电、电离，产生的等离子体在高频电场的作用下轰击原材料，使其表面的粒子逸出，并沿着一定的方向入射沉积到基底表面，形成固体薄膜的方法，具有工艺多样（磁控溅射、射频溅射、反应溅射、二极溅射等）易控制、大面积成膜均匀、厚度可控、纯度高、应用广等优点，但设备复杂、成本高。制成的薄膜基本上为非晶结构，需进一步热处理。

脉冲激光沉积（pulsed laser depositon，PLD）是一种真空物理沉积工艺，具有对靶材表面质量和形貌无要求、对固体材料加工无损伤、化学计量可精确控制、可同时完成合成和沉积等优点。化学气相沉积法是指包含凝聚态物质蒸发成气态化在内的气态反应物在基底表面因化学反应形成固体薄膜的方法。对于 ITO 薄膜的形成，化学反应分为铟锡原材料的热分解，以及原位氧化。为实现化学反应，必须同时满足：反应物在沉积温度下蒸气压足够高；除所需沉积物为固态外，其余反应产物均为气态；以及可实现沉积物在一定温度基底上吸附的低蒸气压。溶胶-凝胶法是通过将易于水解的无机盐

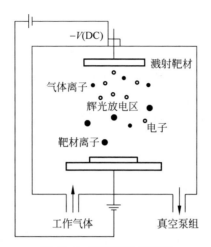

图 12.2　磁控溅射原理图

或金属醇盐等金属化合物溶于某种溶剂,随后加入溶液使其完成水解、缩聚、成核、逐步凝胶化,再通过干燥、烧结、退火等,形成薄膜材料的方法,具有反应温度低、薄膜附着性好、溶液黏结度大、可掺杂形成复合薄膜、化学组分均匀、纯度高,适用于大面积成膜等优点[28]。

12.3　实验设备与材料

电子束蒸镀设备、退火炉、各种气体、ITO 锭或 ITO 颗粒、基片、丙酮、异丙醇、王水、氨水等。

12.4　实验内容

1. 先对基片依次进行丙酮和异丙醇有机清洗,随后通过依次浸泡王水和氨水进行氧化物清洗,观察基片是否清洗干净,最后吹干烘烤。

2. ITO 薄膜蒸镀:将清洗好的基片放入电子束蒸镀设备中生长设定厚度的 ITO 薄膜,观察蒸镀过程刚开始的蒸发情况,以及观察蒸镀好的样品表面形貌和颜色。

3. ITO 薄膜退火:将蒸镀好的样品放入快速热退火炉进行合金处理,观察经过退火处理后的表面形貌和颜色。

4. 通过改变蒸镀工艺参数、退火工艺参数,制备多种 ITO 薄膜,并观察其表面形貌和颜色[29]。

12.5　实验注意事项

1. 未经培训,不得独自操作进行实验;
2. 清洗基片时,注意溶液飞溅;
3. 使用镊子转移基片,切勿用手直接转移;
4. 使用设备前,制定实验计划,并经设备管理人员确认同意。

12.6　预习思考题

1. ITO 薄膜是什么,有何用途?
2. ITO 薄膜制备过程应该注意什么,为什么?
3. 蒸镀好的样品与经过退火后的样品形貌和颜色上有何区别,为什么?

12.7　实验报告

1. 记录 ITO 蒸镀过程中,观察到的实验现象,并解释;
2. 记录 ITO 蒸镀后和退火后的颜色、表面形貌,并解释;
3. 基于观察制备好的样品及分析结果提炼 1~2 个科学问题,或制备工艺注意事项或关键技术。

ITO半导体薄膜的测试及分析

13.1 实验目的

1. 理解 ITO 半导体薄膜的导电机理。
2. 掌握 ITO 半导体薄膜表面形貌的表征及分析方法。
3. 掌握 ITO 半导体薄膜方块电阻的测试及分析方法。
4. 掌握 ITO 半导体薄膜透光率的测试及分析方法。

13.2 实验原理

13.2.1 导电机理

金属材料因其自由电子数量多使得其导电性优异,然而同样使得大量的入射光子被吸收,导致内光电效应进而使得金属材料呈现出不透明的性质。氧化物材料通过氧气和金属发生化学反应生成,由共价键组成,不存在引起导电的自由电子,但其结构可透过光波。ITO 半导体薄膜材料解决了这一对矛盾,既可导电,同时具有透明性,正因如此应用广泛。

相较于其他半导体材料,ITO 有着同样存在着杂质缺陷和本征缺陷的相近晶格结构。其中,因掺杂 Sn 原子引起的缺陷为杂质缺陷,氧空位导致的缺陷为本征缺陷。作为氧化物材料,ITO(铟锡氧化物)为何能导电? 这是因为在实际形成 In_2O_3 的反应过程中,无法形成不导电的理想物质元素化学配比的结构材料[27],存在本征缺陷氧空位,使得其晶体结构中存在具有产生导电能力的自由电子。对于 In_2O_3,通过还原处理,氧离子 O^{2-} 脱离晶格后,In^{3+} 将变成 $In^{3+}2e$,In_2O_3 本身将变成 $In_{2-x}^{3+}(In^{3+}2e)_xO_{3-x}^{2-}$,整个过程可通过式(13.1)描述:

$$In_2O_3 \rightarrow In_{2-x}^{3+}(In^{3+}2e)_xO_{3-x}^{2-} + \frac{x}{2}O^{2+} \tag{13.1}$$

此外，Sn^{4+} 可取代 In^{3+}，在 In_2O_3 中进行替位掺杂，为保持材料的电中性，将会捕获一个电子，但其对该电子的束缚较弱，不稳定，易变成载流子导电，该过程可通过式(13.2)描述。当 In_2O_3 材料中掺杂的 Sn^{4+} 为 10%，即 In 原子和 Sn 原子比为 9:1 时，制备的 ITO 薄膜材料表现出最高的电导率。

$$In_2O_3 + xSn^{4+} \rightarrow In_{2-x}^{3+}(Sn^{4+} e)_x O_3 + xIn^{3+} \tag{13.2}$$

13.2.2 电学性质

对于 ITO 半导体薄膜材料的导电性能，通常采用电阻率(ρ)，或与其呈互为倒数关系的电导率(δ)来表示，如下式：

$$\rho = \frac{1}{\delta} = Rd \tag{13.3}$$

$$\delta = vne \tag{13.4}$$

式中，δ 为电导率；R 为 ITO 薄膜的方块电阻；d 为 ITO 薄膜的厚度；n 为载流子的浓度；v 为电子迁移率；e 为电子电荷。由 Sondheiner 薄膜导电理论可知薄膜厚度如何影响其电阻率，式(13.3)可变换为下式：

$$\rho = \rho_0 \left(1 + \frac{3\lambda_0}{8d}\right) \tag{13.5}$$

式中，ρ_0 为薄膜厚度远大于电子平均自由程时的电阻率；λ_0 为电子的平均自由程。电子在薄膜厚度接近电子平均自由程时，将在界面发生散射，导致电阻率改变。

对于半导体材料，自由电子存在于导带上，只要获得足够的能量，被束缚的电子就能跃迁至导带实现导电。其中，ITO 薄膜主要是通过氧空位和 Sn^{4+} 替位掺杂提供载流子，由式(13.4)可知，可通过提高电子迁移率和载流子的浓度，改善 ITO 薄膜的电导率。迁移率主要通过电离杂质散射、晶界散射、中性杂质散射以及晶格振动散射四种机制决定。相比体材料，薄膜材料的电子迁移率要小得多，因此一般通过改善载流子的浓度实现 ITO 薄膜电导率的提高。

13.2.3 光学性质

在半导体材料中，电子主要有量子态和量子跃迁两种运动方式。量子态指的是围绕原子核，电子作稳恒不变运动的一种状态，此时电子所具有的能量状态即为能级。量子跃迁指的是电子通过原子碰撞、光照或加热等方式获得能量后在不同量子态之间转移的过程。其中，量子态只能取特定的值,能级不连续,意味着电子能量具有分立的特点,且在某些区域内不能取值,这样的区域称为禁带。被束缚的电子,通过外界获得足够的能量后,可以跨过禁带,从价带跃迁至导带。其中,禁带宽度指的是从价带顶跃迁到导带底所需要的最小能量。

光吸收过程主要有杂质吸收、激子吸收以及本征吸收三种类型。其中,对于禁带宽度大于光子能量的半导体材料,电子通过光照获得能量后可逃离价带,但不足以进入导带,因库仑场的存在,电子与空穴相互作用,这样形成的系统,称为激子,这样的过程,称为激子吸收。对于禁带宽度小于或等于光子能量的半导体材料,电子通过光照吸收能量后,可从价带跃迁到导带中,这样的过程,称为本征吸收。此时,禁带宽度称为本征吸收限,对应的光波波长称为本征吸收边。本征吸收边与禁带宽度的关联可通过下式求得

$$\lambda_c = \frac{1.24}{E_g(\text{eV})}(\mu\text{m}) \tag{13.6}$$

式中,E_g 为禁带宽度;λ_c 为本征吸收边。ITO 的 E_g 大约为 3.7eV,大于可见光光子 3.1eV 的平均能量,所以 ITO 内不会出现本征吸收,进而使其在可见光范围内呈现出较高的透射率。

ITO 材料的透过率主要受掺杂浓度和制备条件的影响。其中,未掺杂时,对于 In_2O_3,因其有着理想的物质元素化学配比,没有自由电子,费米能级位于禁带中央,即价带和导带中间,禁带宽度大于可见光光子能量,表现出可见光范围内高透过率。掺入 N 型杂质并增加浓度后,费米能级从禁带中央移动,逐渐靠近导带底,甚至进入导带,此时被束缚在价带上的电子成为自由电子,需激发到费米能级,禁带宽度增大,由式(13.6)可知本征吸收边减小,发生 Burstein 移动,即移向短波方向。此外,ITO 薄膜在低温条件下制备而成,通常会形成黑色的 SnO 和 InO,更多表现为金属性,透射率较低。

13.3 表征方法

13.3.1 ITO 薄膜的表面形貌-SEM 测量

扫描电子显微镜(scanning electron microscope,SEM)如图 13.1 所示[29],利用电子枪阴极发射高能电子束,经过加速电场和聚光的作用变成电子探针轰击样品表面,将产生二次电子、背散射电子、特征 X 射线、晶格振动等电子信息,根据电子与物质之间的作用获得样品信息,如显微形貌、晶体结构、微纳结构以及各种材料微区化学成分的定性和半定量检测等。与

传统的光学显微镜相比,由于使用短波长的电子束替代了长波长的光束,SEM 具有放大倍数大,分辨率高,成像立体感强和景深大的优点。

彩图 13.1
和彩图 13.4

图 13.1　SEM 设备示意图

13.3.2　ITO 薄膜的方块电阻-四探针测量

采用四探针法测量 ITO 半导体薄膜的方块电阻[27],工作原理如图 13.2 所示。

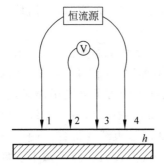

图 13.2　四探针工作原理示意图

四探针测量仪有着长度相同、并列排放的 4 个探针,编号从 1~4,位于测量仪下方,可以同时接触到被测样品。其中,位于内侧编号为 2、3 的 2 个探针互相连接 1 个电压表,位于外侧编号为 1、4 的 2 个探针直接连接在外加 1 个直流电压的恒流源上。当从恒流源产生的电流流经探针时,电压表将显示 1、2 和 3、4 之间材料电阻所产生的电压,ITO 薄膜的方块电阻可通过下式求得

$$R = \frac{\rho}{d} = \frac{\pi}{\ln 2} \times \frac{V}{I} \tag{13.7}$$

式中,R 为 ITO 薄膜的方块电阻;ρ 为 ITO 薄膜的电阻率;d 为 ITO 薄膜厚度;V 为编号 2、3 探针之间的电压值;I 为流经 2、3 探针间的电流值。

13.3.3　ITO 薄膜的透过率-紫外可见光分光光度计

通过采用紫外可见光分光光度计或椭偏仪,可测量 ITO 薄膜可见光范围内的透射率。其中,紫外可见光分光光度计的工作原理:通过在 ITO 薄膜上照射一束光,薄膜材料中的原子或分子吸收入射光中具有特定波长的光子能量,使得材料内表现出对应的分子振动能级跃迁和电子能级跃迁。组成各种物质的分子结构和成分不同,因此表现出不同的光子能量吸收情

况,使得不同物质,其固有的吸收光谱曲线不同。根据对比吸收光谱曲线某些波长处的透过率,即可完成薄膜材料中该物质含量的定性和定量分析。

13.4　实验设备及材料

　　扫描电子显微镜(SEM),四探针测量仪,紫外可见光分光光度计,制备好的 ITO 薄膜样品,石英片,等等。

13.5　实验内容

　　1. 将不同条件下,制备好的 ITO 薄膜样品依次放入扫描电子显微镜进行表面形貌分析,典型的样品形貌如图 13.3 所示。

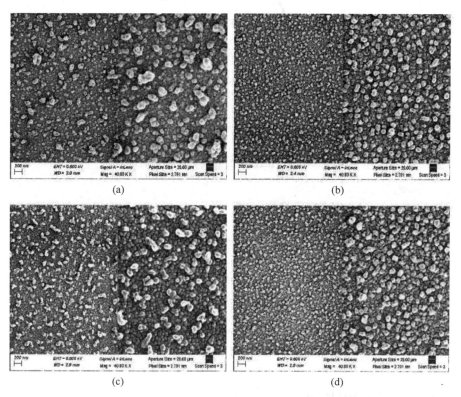

(a)　　　　　　　　　　　　　(b)

(c)　　　　　　　　　　　　　(d)

图 13.3　不同退火温度下制备的 ITO 薄膜 SEM 形貌图
(a) 450℃; (b) 500℃; (c) 550℃; (d) 600℃

　　2. 将不同条件下,制备好的 ITO 薄膜样品依次放入四探针测量仪,进行方块电阻的测量以及电阻率的计算,典型的样品电学特性如表 13.1 所示。

表 13.1 不同退火温度下 ITO 薄膜的电学特性

退火条件	方块电阻/(Ω/□)	电阻率/(Ω·cm)	电阻/Ω
N200-O35-550℃-3min	35.01	3.51×10^{-4}	7.7
N200-O30-550℃-3min	119.75	1.2×10^{-3}	26.38
N200-O35-600℃-5min	112.48	1.13×10^{-3}	24.8

3. 将不同条件下制备好的 ITO 薄膜样品依次放入紫外可见光分光光度计进行可见光范围内透过率的测量,典型的样品透过率如图 13.4 所示。

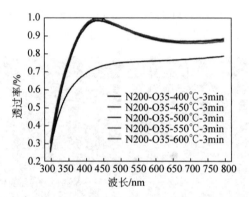

图 13.4 不同退火温度下的 ITO 薄膜透过率

13.6 实验注意事项

1. 未经培训,不得独自操作实验;
2. 测试样品时,使用镊子转移基片,切勿用手直接转移;
3. 测试样品时,配合设备管理人员测试;
4. 使用设备前,制定实验计划,并经设备管理人员确认;
5. 测试完成后,做好实验记录。

13.7 预习思考题

1. ITO 半导体薄膜导电机理?
2. ITO 半导体薄膜晶粒尺寸与透过率的关系?
3. ITO 半导体薄膜可见光范围内透过率的测试分析机理?

13.8　实验报告

1. 记录 ITO 半导体薄膜的表面形貌,根据观察到的实验现象进行解释;

2. 记录 ITO 半导体薄膜的方块电阻,计算对应的电阻率;

3. 记录 ITO 半导体薄膜在可见光范围内的透光率曲线,并作出分析和解释;

4. 基于观察制备好的样品及分析结果提炼 1~2 个科学问题,或制备工艺注意事项或关键技术。

实验 **14**

发光二极管性能的测试及分析

14.1 实验目的

1. 理解发光二极管(light emitting diode,LED)的发光原理。
2. 了解 LED 的基本特性和表征方法。
3. 掌握 LED 基本特性的测试和分析方法。
4. 观察 LED 点亮后的发光现象。

14.2 实验原理

14.2.1 发光原理

LED 的核心结构为 PN 结,具有和普通二极管一样的单向导通特性。其中,PN 结是多数载流子为空穴的 P 型掺杂半导体与多数载流子为电子的 N 型掺杂半导体接触形成的窄结区。无外加偏压时,靠近 PN 结内表面的空穴向 N 型半导体区域扩散,电子向 P 型半导体区域扩散,分别使得 N 区和 P 区形成带正电的施主离子和带负电的受主离子,从而形成耗尽层[29]。

如图 14.1 所示,外加正向偏压时,所加电场方向与内建电场方向相反,导致内建电场强度和结势垒高度的降低,从而实现分别往 N 型半导体区域方向和 P 型半导体区域方向注入空穴和电子,电子和空穴在结区表现出非辐射复合和辐射复合。其中,电子和空穴辐射复合产生光子发光,且该发光区域又称为有源区。随着正向偏压增大,结势垒高度和内建电场相应降低,注入的电子和空穴增多,从而实现发光强度的增大。外加反向偏压时,多数载流子的传输由于反偏电场的存在被限制,而少数载流子可因此漂移到耗尽层,形成反偏电流。随着反偏电压的增大,反偏电场的强度增大,当其增大且超过极限值后,耗尽区发生电流外溢,造成可逆和非毁灭性的雪崩效应。若注入的反向电流过大,将损坏器件。

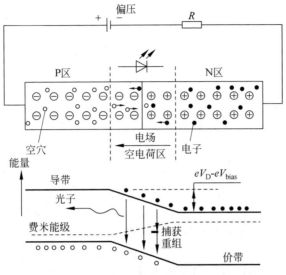

图 14.1　LED 器件在正向偏置时的发光原理图

　　为增强电子和空穴在有源区的辐射复合效率,研究人员提出采用异质结或双异质结替代同质结的有源层结构,从而实现 LED 内量子效率的提高。随后又提出了由两种不同半导体材料交替生长的多层具有周期性结构的量子阱有源层,电子在垂直于结面方向运动的能量会形成势阱和势垒,并且不再连续。其中,势垒的厚度更大,势阱的厚度更小且与电子的德布罗意波长相近,相邻两个势阱中电子波函数无法耦合从而导致电子和空穴局限在势阱中运动。通过改变组成阱层的半导体材料改变 LED 器件的发光波长,可通过公式(14.1)求得,实现不同色彩的 LED。目前,常用的 LED 外延多采用多量子阱(multiple quantum well,MQW)有源层结构。

$$\lambda = \frac{hc}{E_g} \tag{14.1}$$

式中,λ 为 LED 的发光波长;h 为普朗克常量;c 为光子速率;E_g 为禁带宽度。

　　由于势垒内部复合的存在,实际 PN 结的电流电压方程如下式:

$$I = I_s \left[\exp\left(\frac{qV}{nkT}\right) - 1 \right] \tag{14.2}$$

式中,I_s 为反向饱和电流;q 为基本电荷电量,值为 1.6022×10^{-19}C;V 为加载在 PN 结两端的电压;k 为玻耳兹曼常数,值为 1.380649×10^{-23}J·K^{-1};T 为绝对温度;n 为二极管理想因子(一般为 1~2)。当 PN 结的电流以复合电流为主时,理想因子取值 2;以扩散电流为主时,理想因子取值 1。并且,理想因子越接近1,PN结电流中扩散电流的比重越大,内量子效率和光输出功率越大,LED器件越"理想"。

对于一般的LED因为有串联电阻的影响,其电流电压方程可以变形为

$$I = I_s \left[\exp\left(\frac{q(V - IR_s)}{nkT} \right) - 1 \right] \tag{14.3}$$

式中,R_s为LED的串联电阻,主要由半导体材料固有电阻和接触电阻组成。

正偏电压下,电压达到开启值后,电流随着加载电压的增大而增大,其中该开启值主要由组成有源层的半导体材料特性决定。在反偏电压下,电流处于饱和状态,主要由载流子的浓度和寿命、有源区面积决定。

对于LED而言,未通电时,空穴和电子因能带结构的势垒差无法分别运动到N型半导体和P型半导体。通入超过LED开启阈值的正向偏压后,空穴和电子分别运动至N型半导体和P型半导体,并形成电子电流和空穴电流。在理想的情况下,它们被注入有源区发生辐射复合并且全部产生光子。在实际情况下,电子和空穴因为能带结构的电势差和电阻在运输的过程中存在能量损耗,部分载流子因为能量不足并没有运输至有源区,部分载流子越过有源区进入P型GaN复合形成泄漏电流,但大部分载流子进入有源区发生SRH复合、俄歇复合和辐射复合(D-A对复合等),如图14.2所示。

彩图14.2
和彩图14.4

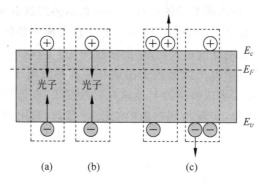

图14.2　载流子复合机制:SRH复合(a),辐射复合(b),俄歇复合(c)

SRH复合通常由缺陷、杂质或陷阱引起,是指载流子通过深能级(处于禁带中心附近)的复合中心(如杂质、缺陷)进行复合产生声子并以热量的形式出现,主要表现为一个粒子参与的非辐射复合。而同属于非辐射复合的俄歇复合,涉及三个粒子的相互作用,表现为空穴与电子相互作用释放的能量转移给另一个空穴或电子并释放出声子,并重返价带或导带再次参与复合过程。

与非辐射复合不同,辐射复合表现为两个粒子——电子和空穴复合产生一个光子的过程,这一过程的速率与电子和空穴浓度成正比,即正比于载

流子浓度的平方。这也表明载流子浓度与注入电流并非简单的关系。由量
子限制斯塔克效应可知,小电流下,有源区电子和空穴因为极化场的存在会
出现空间上的分离,导致电子和空穴波函数交叠减小,发光波长向短波方向
移动,辐射效率增大。随着注入电流的增大,可使极化场屏蔽,但会导致电
子和空穴波函数交叠和复合能增加。同时也会导致能带填充的改变引起能
量分布的变化,这都将致使载流子与注入电流的关系的复杂化。正是由于
这些非理想特性的存在,与理想条件下相比,实际情况下的 LED 需要额外的
电能才能获得相同的光输出功率,同时在该过程还产生了热量,两重作用下
使 LED 效率更低。

14.2.2　基本特性

作为电致发光器件的 LED,其核心结构是 PN 结,可通过发光器件的光
学参数以及 PN 结的电学参数对其特性进行描述。

电流电压伏安特性指的是流经 PN 结的电流随其电压变化而变化的特
性,包含反向特性和正向特性。理想 LED 的伏安特性曲线如图 14.3 所示,
电压小于 0 时,为反向特性曲线,电流随着反向电压的增大变化平缓,该电流
为反向漏电流(I_R),当其增大到一定值时,发生反向击穿现象,此时的电压
为反向击穿电压(V_b);电压大于 0 时,为正向特性曲线,电流随着正向电压
(V_f)的增大变化平缓,当其增大到一定值时,电流呈指数上升,此时的电压
值称为开启电压。

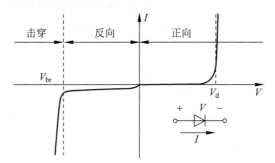

图 14.3　理想 LED 的伏安特性曲线

LED 的光学参数主要包括光输出功率、发光峰值波长、主波长等。其
中,光输出功率,主要用于衡量 LED 性能的优劣,通常采用 I-V 计算取得;
发光峰值波长指的是光谱发光强度最大处所对应的波长,一般用于单色光
检测。主波长指的是眼睛能感知的光颜色对应的波长。

14.2.3 性能表征

集成有积分球的半导体参数测试系统(PG2101)如图 14.4 所示[29],主要用作 LED 片上光学和电学特性测试,例如不同电流密度下的电压、光输出功率、电流分布图、发光峰值波长、发光效率、漏电流等特性。通过测试所得数据可以计算出外量子效率、串联电阻等参数。另外,半导体参数测试系统配置上电压源、直流稳压电压、换向器和频谱仪可以测试 LED 的电压-电容特性。

图 14.4 半导体参数测试系统示意图

14.3 实验设备及材料

半导体参数测试系统(PG2101)、电压源、直流稳压电压、换向器、频谱仪、制备好的 LED 样品,等等。

14.4 实验内容

1. 将不同条件下制备的 LED 样品依次放入半导体参数测试系统中进行电学性能测试,同时分析不同电流密度下的电压、电流分布、漏电流等特性,典型的电流密度-电压-动态电阻特性曲线如图 14.5 所示。

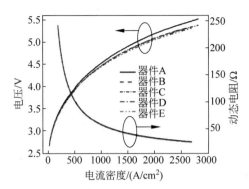

图 14.5 LED 不同器件结构的电流密度-电压-动态电阻特性曲线

2. 将不同条件下制备的 LED 样品依次放入半导体参数测试系统中进行电压-电容特性测试并分析。

3. 将不同条件下制备的 LED 样品依次放入半导体参数测试系统中进行光学性能表征,测试并分析不同电流密度下的光输出功率、发光峰值波长等特性,典型的光学性能如图 14.6 所示。

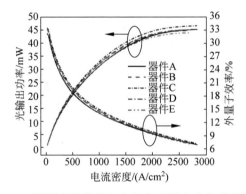

图 14.6 LED 不同器件结构的电流密度-光输出功率-外量子效率曲线

14.5 实验注意事项

1. 测试样品时,使用镊子转移基片,切勿用手直接转移;

2. 样品放置好,探针移入移出均须抬起;

3. 测试连续数据时,设置的注入电流间隔不宜过大;设置的注入电流范围上限值需逐步抬升;

4. 设置的注入电流达到饱和注入电流后,需注意注入电流上限的取值;

5. 使用设备前,制订实验计划;测试完成后,做好实验记录。

14.6 预习思考题

1. LED 的发光机理？
2. LED 伏安特性曲线有何特点？
3. LED 在不同电流下光输出功率的变化情况，为什么？

14.7 实验报告

1. 记录不同 LED 在不同电流下电压、漏电流的变化趋势，并进行分析；
2. 记录不同 LED 在不同电流下的峰值波长的变化趋势，并进行解释；
3. 根据测试的数据，分析不同 LED 在不同电流下光输出功率、外量子效率等参数的变化趋势，并进行分析；
4. 结合测试数据，观察并记录 LED 点亮后的发光现象；
5. 基于观察制备好的样品及分析结果提炼 1～2 个科学问题，或制备工艺注意事项或关键技术。

实验 15

激光玻璃制备

15.1 实验目的

1. 了解固体激光器常用工作物质的种类和基本概念。
2. 掌握激光玻璃的基础制备方法。
3. 观察并理解钕玻璃激光器运行原理。

15.2 实验原理

从第一台红宝石激光器诞生至今,激光技术已经应用在人们生活的方方面面,如激光测距、激光雷达、激光加工、激光医疗、激光通信、激光武器等各个方面。

而作为激光技术发展的核心和基础的激光增益介质一直是激光技术的重要组成部分。增益介质按照形态分类,主要分为固体增益介质、气体增益介质和液体增益介质几种。

目前,应用最广的固态激光增益介质是掺杂型增益介质,即采用在基质材料中掺杂激活离子的方式制作激光增益物质。主要可以分为激光晶体、激光陶瓷和激光玻璃等几种[30]。

这几种激光增益介质中,激光晶体最早被使用,其具有硬度大、熔点高、导热性能好和激光损伤阈值高等优点,与其他几种固体激光增益材料相比,发射截面较大。但也具备如:制备难度大、生长周期长、成本高、稀土离子掺杂的浓度低且稀土离子分布均匀性差、能量利用率低等不足。

与激光晶体相比,激光陶瓷的光学性能、导热性能、机械性能相仿,但却具有生产成本低、制备周期短、稀土离子掺杂浓度高且分布均匀、可以大规模生产的优点。但由于陶瓷制备过程中必然产生的多晶性及晶界的边界、气孔以及局部晶格缺陷等因素,影响了材料的透光性,并限制了激光陶瓷的大尺寸制备。

激光玻璃是在基质玻璃中引入具备 4f 电子结构的过渡金属离子和稀土元素离子作为掺杂离子的特殊光学玻璃。在各类型固体激光器中被广泛使用,尤其是高能量和高功率激光器中主要使用的就是激光玻璃[31]。

激光玻璃具有以下优点:

(1) 易于制备。较容易制得大尺寸的工作材料且成本较低。

(2) 可以进行高浓度稀土离子掺杂。

(3) 玻璃基质改变容易。玻璃基质的成分可调范围大,因此玻璃的性质改变容易,加入的稀土离子的种类和数量限制小,因此较容易制备出各种稀土离子的激光玻璃品种。

(4) 成形加工容易。

(5) 容易获得各向同性、性质均匀一致的激光玻璃增益介质。

也正由于激光玻璃具备容易制备的特点,我们选择其为代表,尝试学习制备固体激光增益介质。

15.3　实验设备

电子天平,玛瑙研钵,刚玉坩埚,马弗炉,不锈钢模具,全自动研磨抛光机,荧光光谱仪,等等。

15.4　实验内容

15.4.1　玻璃制备

玻璃的制备路线如图 15.1 所示。玻璃样品的基质配方对玻璃的各种性质都起着决定性作用,设计的过程中需要考虑到玻璃样品的包括折射率、强度、热稳定性在内的诸多物理性质,稀土的溶解效果,声子能量以及发光效果的影响等多方面因素,是一个较为复杂的过程。我们的实验使用成熟的玻璃配方 $65TeO_2-15ZnO-20La_2O_3-0.05Nd_2O_3$[32]。

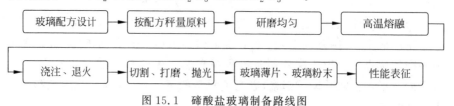

图 15.1　碲酸盐玻璃制备路线图

　　称量混合：经由玻璃配方计算出所需称量的各种原料的具体质量后,使用准确度为 10^{-3} g 的电子天平称量。称量后使用剪裁至合适大小的硫酸纸来转移药品至玛瑙研钵中,称量好所有药品后,将其研磨 15min,至样品充分混合,混合后药品为均一粉末,无肉眼可见颗粒。

　　熔制：玻璃熔制及退火的温度曲线如图 15.2 所示。将 20ml 容积的氧化铝陶瓷坩埚放在设定为 400℃(退火温度)的退火马弗炉内初步保温 10min,然后放入玻璃熔炼马弗炉中二次预热 10min,通过两次预热可以提高坩埚稳定性,降低坩埚在玻璃熔炼过程中因为温差剧烈变化或玻璃熔炼反应剧烈而产生裂纹甚至炸裂的可能。二次预热后将刚玉坩埚取出,快速将混合均匀的原料装入坩埚中,迅速放回到玻璃熔炼马弗炉进行熔制(图 15.2 中 1 所代表过程),熔制温度 950℃升至 1000℃(图 15.2 中 2 所代表过程),熔炼时间 1h。玻璃熔融过程中,通常会形成气泡,且由于玻璃液的黏度较大无法排出,最后留在玻璃样品内。这会严重影响最终玻璃样品的光学性能。因此,我们要在玻璃的澄清和均一化过程中将玻璃气泡去除(图 15.2 中 3 所代表过程)。另外在熔制原料量较大的玻璃时,我们使用搅拌棒在过程 3 的保温熔制过程中对熔融液进行搅拌,这样可以提高玻璃澄清和均化效果,制备出符合条件的样品。

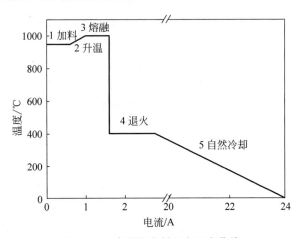

图 15.2　玻璃的熔制退火温度曲线

　　浇注、退火：在玻璃液呈现均一澄清状态后,熔制完成。将玻璃液倒入预热好的不锈钢模具内,本实验制备的碲酸盐玻璃黏度较低,可以根据对样品的不同要求浇注成合适的形状。待玻璃液稍微冷却凝固后随即转移至保持在 400℃的马弗炉中退火,退火过程为保温 400℃,持续 2h,随后关闭电炉加热功能,封闭炉门,样品随炉缓慢降温至室温。退火过程降低了玻璃由于温度骤降而在内部产生的巨大应力,使得玻璃具备较好的物理性能。

切割、打磨、抛光:将退火过后的玻璃块状样品使用金刚石线切割机统一切割为厚度 10mm 的小块,然后在全自动研磨抛光机上经 70m、45m、15m 刚玉粉末进行粗磨,二次粗磨,精细研磨直至打磨至略大于 2mm 厚,最后换用皮制磨抛垫和抛光用氧化铈粉末来抛光样品,获得厚度 2mm 的玻璃薄片样品以供光谱学相关检测。

15.4.2 密度测试

本实验中使用阿基米德法来获得碲酸盐玻璃的密度,测试密度所用设备为 METTLER TOLEDO 公司的 ML-104 型电子天平(精度为 10^{-3} g,附带密度测量组件)测试浸泡液为静止 10h 以上去气泡的蒸馏水。该方法测出的密度由如下公式得到

$$\rho = \frac{A}{A-B}(\rho_0 - \rho_L) + \rho_L \tag{15.1}$$

式中,ρ 为碲酸盐玻璃密度(g/cm^3);A 为碲酸盐玻璃在空气中的质量(g);B 为碲酸盐玻璃在蒸馏水中的质量(g);ρ_0 为蒸馏水的密度(温度 20℃时为 0.9982g/cm^3);ρ_L 为空气的密度(0.0012g/cm^3)。

折射率是玻璃最基本的物理参数之一,而且对于进行理论计算有着重要意义。本实验中,玻璃的折射率测量采用美国 Metrcon 公司的 Model 2011 棱镜耦合仪进行测量。该棱镜耦合仪有三个波长(632.8nm、1310nm、1550nm)。在镱离子掺杂碲磷玻璃中,对于所需波长处的折射率可以根据 Cauchy 色散公式,采用拟合方法,得到碲磷玻璃样品的色散曲线。通过该曲线求出各个波段的折射率,公式如下:

$$N(\lambda) = \frac{a+b}{\lambda^2} \tag{15.2}$$

式(15.2)中,a 和 b 为色散系数。根据测量上面的三个波段处的折射率,然后使用分析软件即可得出 a 和 b。从而可以得出各个波长处的折射率。用于棱镜耦合仪的碲酸盐玻璃为经过退火处理后,双面抛光,厚度为 2mm 的样品。

15.4.3 荧光光谱测试

采用日本 Hitachi 公司 F-7000 型荧光光谱仪测量稀土掺杂碲酸盐玻璃的光致发光性能。通过光谱仪可以得到样品的发射光谱,发射光谱表示固定波长激发光下材料光致发光的波段及相对强度。而激发光谱则是用来判

断在固定发射峰位置的前提下,哪个波段的激发光可以得到最大强度的发光。但是激发光谱并不是激发光波段的唯一决定因素,在研究中还应考虑材料的应用范围,尤其是用作激光玻璃的材料更应该考虑选择适宜作为泵浦源的相应波段作为激发光来进行研究。

测试中采用激发光源为 150W 氙灯,光电倍增管电压为 700V。将退火后的稀土掺杂碲酸盐玻璃样品双面抛光至 2mm 厚用于荧光光谱测量。狭缝设置为 1.0nm 扫描速率 240nm/min,测试温度为室温。

15.5   实验注意事项

1. 未经允许不得触碰马弗炉,以免烫伤;
2. 将坩埚放入马弗炉中合理使用钳子等工具,避免直接接触。

15.6   预习思考题

1. 各种常见固体激光工作物质的优缺点?
2. 在玻璃制备阶段哪些操作可能影响其作为激光增益介质的性能?

15.7   实验报告

1. 记录各种温度下玻璃熔融过程的区别;
2. 根据荧光光谱分析以该玻璃为增益介质的激光器工作波长;
3. 基于实验现象及分析结果提炼出 1~2 个科学问题或关键技术以及对策。

钕玻璃激光器特性

16.1 实验目的

1. 了解钕玻璃激光器的基本结构和工作原理,并练习调整激光器谐振腔,使其输出激光。

2. 测定钕玻璃激光器的输出特性曲线,找出光泵浦能量阈值,计算出激光器的斜效率。

16.2 实验原理

16.2.1 工作物质

当光束通过原子或分子系统时,总是同时存在着受激辐射和受激吸收两个相互对立的过程,前者使入射光强增加,后者使入射光强减弱。从爱因斯坦关系可知,一般情况下受激吸收总是远大于受激辐射,绝大部分粒子数处于基态;而如果激发态的粒子数远远多于基态粒子数,就会使激光工作物质中受激辐射占支配地位,这种状态就是所谓的工作物质"粒子数反转分布"状态。

为实现粒子数反转,我们选择一个具备多能级的离子,使得其中存在两个能级 E_1 和 E_2,满足

$$\frac{g_1 N_2}{g_2 N_1} > 1$$

式中,N_1 为下能级粒子数密度;N_2 为上能级粒子数密度;$g_2 g_1$ 分别为上下能级 E_1 和 E_2 的统计权重。

钕玻璃激光器使用掺杂稀土钕的玻璃为激光增益介质,稀土钕具有四能级稀土,其能级图如图 16.1 所示[33]。

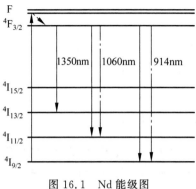

图 16.1　Nd 能级图

16.2.2　光学谐振腔

为满足激光产生的阈值条件,要使光在谐振腔中来回振荡并放大光强,光在工作物质中每循环一次,就经历一次光放大过程。谐振腔除了提高光子密度增大光强之外,还起到了选择作用,即只有垂直腔镜的光在多次反射下才能得到激光输出,从而实现激光的良好方向性。

16.2.3　激光的输出特性

激光器的输出能量与输入能量之间的关系曲线称为输出特性曲线,如图 16.2 所示。

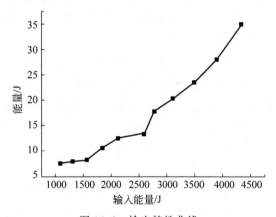

图 16.2　输出特性曲线

在输出特性曲线上,有一接近直线的区间,表示该区间内,输入与输出能量之间近似呈线性关系,其斜率称为斜效率,是激光器的重要参数[34]。

16.3　实验设备

钕玻璃激光器,能量计,直流电源,等等。

16.4　实验内容

将实验 15 中描述的玻璃加工成棒状,两面镀膜,作为增益介质搭建钕玻璃固体激光器,如图 16.3 所示。钕玻璃棒的尺寸为 16mm×360mm,棒的两个端面处有 5°的倾斜角度,其作用是抑制自由振荡产生的损耗,影响激光输出能量,使得实验结果更易观测。

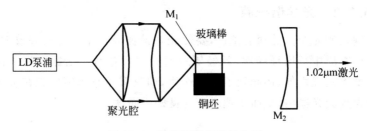

图 16.3　激光泵浦实验结构图

1. 调整激光器谐振腔

谐振腔采用平凹腔型结构,泵浦源为半导体激光器,最大输出功率为 30W,室温下的峰值波长在 882nm 附近。聚焦系统由两个焦距为 50mm 的平凸镜构成,实验测得其传输效率为 76.5%。激光介质为磷酸盐玻璃,激光玻璃的一端作为输入镜 M_1,与输出镜 M_2 组成 1.02μm 激光谐振腔。M_1 镀有 1.02μm 的高反膜、808nm 的高透膜以提高转化效率。M_2 镀 882nm 高反膜,1.02μm 的透过率为 4.4%。输出镜的曲率半径 $R=100$mm,输出镜透过率为 4.4%,由于输出镜对 882nm 的光有一定的透过率,实验中在输出镜后面加一滤光片,滤光片对 882nm 的光透过率 $T<0.20\%$,对 1060nm 的光透过率 $T>77\%$。

将整套设备放置在光学平台上;将 LD 作为准直光源使用,调整位置使得聚光腔定位在光学平台上的位置与准直光源间隔一定距离,使其与准直光线尽量保持在同轴状态。并且指示光源应从钕玻璃棒中心处入射,从另一端面的中心处出射[32]。

输出端连接光纤将输出激光导至光谱仪,调整腔长为合适距离时、可得到激光输出,之后再微调,使得激光输出稳定。

2．测量输入输出能量

激光器进入稳定工作状态后,就可以将输出端连接至能量计,测量输出激光能量了,调节泵浦激光器功率从 1W 开始至 30W 逐步上升,每隔 0.5W 记录一次数据,记录出现激光输出时的泵浦激光器功率,即为泵浦能量阈值。当激光输出能量不再变化时即为激光输出阈值。

分别计算输入能量 E_1、输出能量 E_2,以 E_1 为横坐标、E_2 为纵坐标画出曲线可以计算出斜效率。

16.5　实验注意事项

1．激光器开启后不可将眼睛朝向激光器以免灼伤视网膜;

2．激光器开始工作后须尽快完成实验,激光器工作时间超过 15min 可能会导致过热,影响实验数据。

16.6　预习思考题

1．钕玻璃激光器的输出特性有哪些?

2．如何计算、测量或表征钕玻璃激光器的输出特性?

16.7　实验报告

1．记录谐振腔长度与输出激光稳定性之间的关系;

2．测试出光泵浦能量阈值,计算出激光器的绝对效率和斜效率。

实验 17

刀口法测量激光光斑尺寸大小

17.1 实验目的

1. 能正确操作激光器。
2. 掌握刀口法测量激光光斑尺寸大小的方法。

17.2 实验原理

激光技术广泛应用于各领域。激光光斑的尺寸度量在信息处理的许多领域是至关重要的,如在光盘存储技术中,光斑越小,存储密度越高,所以激光光束光斑半径的精确测量对光束质量因子的判定及激光系统设计有非常重要的意义。按博伊德和戈登的理论,高斯光束经聚焦透镜变换后仍为高斯光束。因此对高斯光束聚焦形成的光斑大小不能简单地使用几何光学的方法来确定[35]。

目前对光斑尺寸测量的方法有针孔法、狭缝法、Ronchi 等光栅法、Radon 分析法、Talbot 效应法和刀口法等。刀口法采用的是总透射量的测量方法,采用刀口平直的刀口,其透过率函数为阶跃函数,在光电接收元件尽可能靠近刀口减小衍射量时,精确地测量微米级光斑大小是可行的[36]。

高斯光束在 Z 处横截面内场振幅分布可表示为

$$E(x,y,z) = \frac{c}{\omega(z)} \exp\left[-\frac{x^2 + y^2}{\omega^2(z)}\right] \tag{17.1}$$

式中,c 为常数因子;x,y 为垂直于光束传播方向 z 的横截面内的坐标;$\omega(z)$ 为 z 处横截面内由振幅降落到中心值的 $1/e$ 定义的光斑半径。高斯交束经透镜聚焦后像方继续传输的光束仍为高斯光束。光束的光斑半径 $\omega(z)$ 随坐标 z(即传输方向坐标)按双曲线规律变化。在像方光束束腰处的光斑(即腰斑)为最小。

在高斯激光束束腰处横截面内的强度分布可表示为

$$I(x,y) = \frac{2P_0}{\pi\omega^2} \cdot \exp\left[-\frac{2(x^2+y^2)}{\omega^2}\right] \qquad (17.2)$$

式中，P_0 为激光的总功率；ω 为按强度 $\frac{1}{e^2}$ 所定义的腰斑半径。对于高斯光束场并不局限在 $r \leqslant \omega (r = \sqrt{x^2+y^2})$ 的范围内，理论上它横向延伸到无穷远，只是 $r > \omega$ 的区域内光强很弱。

当利用一刀口垂直于光束测 x 方向移动时，将遮盖部分光束，如图 17.1 所示，此时透过的激光功率可由下式给出：

$$\begin{aligned}
P &= \int_x^\infty \mathrm{d}x \int_{-\infty}^\infty \frac{2P_0}{\pi\omega^2} \cdot \exp\left[-\frac{2(x^2+y^2)}{\omega^2}\right] \mathrm{d}y \\
&= \frac{2P_0}{\pi\omega^2} \int_x^\infty \exp\left(-\frac{2x^2}{\omega^2}\right) \mathrm{d}x \int_{-\infty}^\infty \left(-\frac{2y^2}{\omega^2}\right) \mathrm{d}y \\
&= \sqrt{\frac{2}{\pi}} \frac{P_0}{\omega} \int_x^\infty \exp\left(-\frac{2y^2}{\omega^2}\right) \mathrm{d}x \qquad (17.3)
\end{aligned}$$

即

$$\frac{P(x)}{P_0} = \sqrt{\frac{2}{\pi}} \frac{1}{\omega} \int_x^\infty \exp\left(-\frac{2x^2}{\omega^2}\right) \mathrm{d}x \qquad (17.4)$$

当刀口处 $x = -\omega$ 位置时；透过的激光功率与总功率(P_0)之比为

$$\frac{P(-\omega)}{P_0} = \sqrt{\frac{2}{\pi}} \frac{1}{\omega} \int_{-\omega}^\infty \exp\left(-\frac{2x^2}{\omega^2}\right) \mathrm{d}x \qquad (17.5)$$

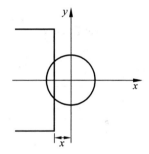

图 17.1　刀片与光斑相对位置

令 $t^2 = 2x^2/\omega^2$，即 $t = 2x/\omega$ 作变量代换，上式积分为

$$\begin{aligned}
\frac{P(-\omega)}{P_0} &= (1\sqrt{\pi}) \int_{-\sqrt{2}}^\infty \exp(-t^2) \mathrm{d}t \\
&= (1\sqrt{\pi}) \left[\int_0^\infty \exp(t^2) \mathrm{d}t + \int_{-\sqrt{2}}^0 \exp(t^2) \mathrm{d}t\right] \\
&= \frac{1}{2} + \left(\frac{1}{\sqrt{\pi}}\right) \int_0^{\sqrt{2}} \exp(-t^2) \mathrm{d}t \qquad (17.6)
\end{aligned}$$

由积分的级数计算法：

$$\begin{aligned}
\int_0^{\sqrt{2}} \exp(-t^2) \mathrm{d}t &= \sqrt{2} - \frac{\sqrt{2}^3}{3} + \frac{2}{2!}\frac{\sqrt{2}^5}{5} - \frac{1}{3!}\frac{\sqrt{2}^7}{7} + \\
&\quad \frac{1}{4!}\frac{\sqrt{2}^9}{9} - \frac{1}{5!}\frac{\sqrt{2}^{11}}{11} + \cdots = 0.788 \qquad (17.7)
\end{aligned}$$

则

$$\frac{P(-\omega)}{P_0} = \frac{1}{2} + \left(\frac{1}{\sqrt{\pi}}\right) \cdot 0.788 = 0.94 \qquad (17.8)$$

$$\frac{P(\omega)}{P_0} = 1 - 0.94 = 0.06 \qquad (17.9)$$

由此可知：刀口沿 x 方向移动，分别测出激光透过功率为 94％和 6％二值所对应的刀口相对位置，即可测得光束腰斑直径 2ω 值[37]。

17.3 实验设备

本文设计的测量装置是为了对高斯光束经透镜聚焦在像方的高斯光束的腰斑（即聚焦光斑）进行测量。测量实验装置如图 17.2 所示，整个装置包括：被测的激光器和聚焦透镜系统及调制盘、半透半反射片、光电探测器（硅光电池）、刀片、微米级测微器、锁相放大器等。

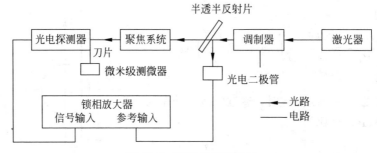

图 17.2　测量实验装置图

通过调节螺旋测微器，可以使得刀片沿垂直于光束轴线的方向进行移动，进而对光束进行垂直切割，因此光功率计接收到的光能不断变化，通过光功率计示数的最大值与最小值相对应的螺旋测微器的示值差，便可得到光斑尺寸的大小（图 17.3）。

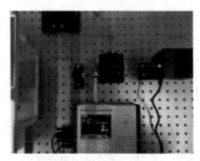

图 17.3　刀口法测激光光斑大小的实验装置图

17.4　实验内容

1. 通过激光器操作软件,设定界面中的输出功率为 $P=6W$(功率过高会烧毁刀片,功率过低又会影响测量精度)。使刀口未切割光束在待测激光束腰斑处横截面内,即 x 方向、y 方向调节光电探测器(本实验采用的是硅光电池),根据锁相放大器测得值为最大来确定光电探测器处于最佳接收状态。使用的光电探测器要求有足够大的接收面积以确保光能量能完全被接收。由于通常被测光束的腰斑半径不大,采用直径 $\Phi=25\text{mm}$ 的硅光电池作为光电探测接收器比较理想。

2. 在紧靠光探测头前加一针孔(即:微小孔)的挡片。让针孔处在光束的轴线上,将光电探测器及针孔挡片整体沿光轴方向(z 方向)移动,以搜索光束聚焦后像方高斯光束的束腰位置,由锁相放大器的值为最大定出光束束腰位置,固定光电探测器的位置。如能使用一电致伸缩器件带动光电探测器轴向移动精确确定束腰位置,则测量结果将更加精确。

3. 步骤 2 之后取走针孔挡片,由锁相放大器读出接收到激光束的总功率所对应的值 P_0。

4. 让刀片取代针孔挡片,通过螺旋测微器缓慢地旋动带动刀片作垂直激光束光轴移动的 μm 级测微螺旋头让刀口切割光束,旋至锁相放大器的值为 $0.94P_0$。读出此时测微螺旋头的读数 x_1。接着继续旋动螺旋头使锁相放大器的读数为 $0.06P_0$,读出此时 x_2,即 $\Delta x=|x_2-x_1|$ 为所测高斯光束的腰斑直径 $2\omega_0$。测量时刀口前进方向要垂直于光束的光轴。光电探测头要尽量紧靠刀片,否则由于刀口使光束衍射的光能量将不能全部进入接收器。

17.5　实验注意事项

1. 保证刀口完好,避免刀片残缺带来的误差。

2. 刀口的移动方向必须垂直切割于激光光束的轴线方向,避免产生测量误差。

3. 小心轻微转动螺旋测微器,避免由于位移台的晃动及轻微移动而造成误差。

4. 在测量功率前,要将功率计进行调零。

17.6　预习思考题

1. $0.94P_0$ 和 $0.06P_0$ 是如何得到的？

2. 用其他数据是否可以算出腰斑直径？

17.7　实验报告

1. 记录各种倍数下 P_0 的数据；

2. 观察激光光斑，能否分辨是不是基膜；

3. 基于实验现象及分析结果提炼出 1～2 个科学问题或关键技术以及对策。

实验 18

基于MATLAB的光干涉衍射现象的仿真

18.1 实验目的

1. 掌握杨氏双缝干涉 MATLAB 仿真模拟。
2. 掌握牛顿环干涉 MATLAB 仿真模拟。
3. 掌握迈克耳孙干涉仪 MATLAB 仿真模拟。

18.2 实验原理

18.2.1 两束光的干涉原理

两束光干涉情况如图 18.1 所示,其数学表达式如下:

$$\widetilde{E}_1 = A_1 \exp(\mathrm{i}(kd_1 - \varphi_{01})) \tag{18.1}$$

$$\widetilde{E}_2 = A_2 \exp(\mathrm{i}(kd_2 - \varphi_{02})) \tag{18.2}$$

$$\widetilde{E} = \widetilde{E}_1 + \widetilde{E}_2 \tag{18.3}$$

$$I = \widetilde{E}\widetilde{E}^* = A_1^2 + A_2^2 + 2A_1A_2\cos\delta = I_1 + I_2 + 2\sqrt{I_1 I_2}\cos\delta \tag{18.4}$$

$$\delta = \Delta\theta = \frac{2\pi}{\lambda}(d_2 - d_1) + (\varphi_{01} - \varphi_{02}) \tag{18.5}$$

相干光应具备以下条件:

(1) 频率相同;

(2) 振动方向相同;

(3) 相位差恒定。

18.2.2 杨氏双缝干涉

杨氏双缝干涉实验是利用分波振面法获得相
干光束的典型例子,如图 18.2 所示,在普通单色

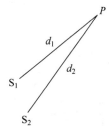

图 18.1 相干光示意图

光光源后放一狭缝 S,后又放有与 S 平行且等距离的两平行狭缝 S_1 和 S_2。单色光通过两个狭缝 S_1 和 S_2 射向屏幕,相当于位置不同的两个同频率同相位光源向屏幕照射的叠合,由于到达屏幕各点的距离(光程)不同引起相位差,叠合的结果是在有的点加强,在有的点抵消,造成干涉现象。d 为双缝的间隔,D 为屏幕到双狭缝平面的距离,x 为 O 到 P 的距离。

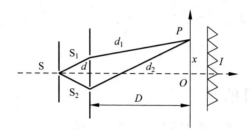

图 18.2 杨氏双缝干涉示意图

其数学表达式如下:

$$I(P) = I_1 + I_2 + 2\sqrt{I_1 I_2} \cos\delta = 4I_1 \cos^2(\delta/2)$$

$$= 4I_1 \cos^2\left[\frac{\pi(d_2 - d_1)}{\lambda}\right] \tag{18.6}$$

$$d_1 = \sqrt{(x - d/2)^2 + D^2} \tag{18.7}$$

$$d_2 = \sqrt{(x + d/2)^2 + D^2} \tag{18.8}$$

$$d_2^2 - d_1^2 = 2xd \tag{18.9}$$

$$d_2 - d_1 = \frac{d}{D}x \tag{18.10}$$

$$I = 4I_1 \cos^2\left(\frac{\pi d}{\lambda D}x\right) \tag{18.11}$$

18.2.3 牛顿环干涉

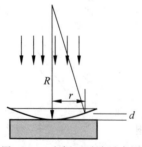

图 18.3 牛顿环干涉示意图

牛顿环是历史上有名的等厚干涉实验装置。其结构如图 18.3 所示,将一块平凸透镜凸面朝下放到一块平面玻璃板上,在两者之间可以形成一个空气薄层,用单色光垂直射向凸镜的平面时,可以观察到明暗相间的圆环条纹。它们是由球面上透射和平面上反射的光线相互干涉而形成的干涉条纹。

平凸透镜和平面透镜之间的空间薄膜的距离为 d，平凸透镜曲率半径为 R。在空气气隙的上下两表面所引起的反射光线形成相干光。其数学表达式如下：

$$\Delta = 2d + \lambda/2 \tag{18.12}$$

$$r^2 = R^2 - (R-d)^2 = 2Rd - d^2 \approx 2Rd \tag{18.13}$$

$$r = \sqrt{k\lambda R} \tag{18.14}$$

$$I(x,y) = I_0 \cos^2\left[\pi(r^2/R + \lambda/2)/\lambda\right] \tag{18.15}$$

18.2.4　迈克耳孙干涉仪

迈克耳孙干涉仪是一种典型的波幅分割干涉仪，其结构如图 18.4 所示，它通过半透半反镜将一束入射光分为两束，两束相干光各自被对应的平面镜反射回来从而发生干涉。当平面镜 M_2 和 M_1'（M_1 在分束器中的像）严格平行时，产生等倾条纹，当平面镜 M_2 和 M_1' 靠得很近但相互倾斜形成一个小角劈，且光线接近正入射时，产生等厚条纹，其中 d 为 M_1' 和 M_2 之间的距离。

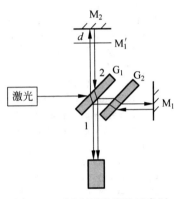

图 18.4　迈克耳孙干涉示意图

其数学表达式如下：

$$L = 2d\cos\delta \tag{18.16}$$

$$\delta = \arctan(r/f) \tag{18.17}$$

$$I = I_0 \cos^2\left\{2\pi d\cos\left[\arctan(r/f)/\lambda\right]\right\} \tag{18.18}$$

$$\Delta d = \Delta N\lambda/2 \tag{18.19}$$

18.3　实验设备

计算机，MATLAB 软件，等等。

18.4　实验内容

18.4.1　杨氏双缝干涉实验流程

单色光情况下：

参数赋值：波长、双缝间距、缝屏间距。

观察面布点(循环)：计算光程、光程差、相位差、光强值。

可视化：作图显示光强分布曲线，干涉条纹图像。

非单色光情况下：波长不是常数，将不同波长的光分别处理再将不同波长成分非相干叠加。近似取 11 根谱线，计算光强应将 11 根谱线产生的光强值叠加取平均。

MATLAB 程序参考如下[38]：

```
clear;clc;
Lambda = 500;
Lambda = Lambda * 1e - 9;
d = 2;
d = d * 0.001;
Z = 1;
yMax = 5 * Lambda * Z/d;xs = yMax;
Ny = 101;ys = linspace( - yMax,yMax,Ny);
for i = 1:Ny
    L1 = sqrt((ys(i) - d/2).^2 + Z^2);
    L2 = sqrt((ys(i) + d/2).^2 + Z^2);
    Phi = 2 * pi * (L2 - L1)/Lambda;
    B(i,:) = 4 * cos(Phi/2).^2;
end
NCLevels = 255;
Br = (B/4.0) * NCLevels;
subplot(1,4,1),image(xs,ys,Br);
colormap(gray(NCLevels));
subplot(1,4,2),plot(B,ys)
Lambda = 500;
Lambda = Lambda * 1e - 9;
d = 2;
d = d * 0.001;
Z = 1;
yMax = 5 * Lambda * Z/d;xs = yMax;
Ny = 101;ys = linspace( - yMax,yMax,Ny);
for i = 1:Ny
    L1 = sqrt((ys(i) - d/2).^2 + Z^2);
    L2 = sqrt((ys(i) + d/2).^2 + Z^2);
    N1 = 11;dL = linspace( - 0.1,0.1,N1);
    Lambda1 = Lambda * (1 + dL');
    Phi1 = 2 * pi * (L2 - L1)./Lambda1;
    B(i,:) = sum(4 * cos(Phi1/2).^2)/N1;
end
NCLevels = 255;
Br = (B/4.0) * NCLevels;
subplot(1,4,3),image(xs,ys,Br);
set(gcf,'color','w')
subplot(1,4,4),plot(B,ys)
```

18.4.2 牛顿环干涉程序流程与参数设置

曲率半径 $R=1000\mathrm{mm}$(可变)，$\lambda=452.2\mathrm{nm}$。

设定 x,y 的取值范围$[-1.5\mathrm{mm},+1.5\mathrm{mm}]$；观察面布点：$N=150\times$ 150，位置计算(循环)，各点光强值计算，可视化给出牛顿环图像。

MATLAB 程序参考如下：

```
clear;clc;
xmax = 1.5;ymax = 1.5;
Lamd = 452.2e - 006;R = 900;
n = 1.0;
N = 150;
x = linspace( - xmax,xmax,N);
y = linspace( - ymax,ymax,N);
for i = 1:N
    for j = 1:N
        r(i,j) = sqrt(x(i)^2 + y(j)^2);
        B(i,j) = cos(pi * (r(i,j)^2/R + Lamd/2)/Lamd).^2;
    end

end
Nclevels = 255;
Br = 2.5 * B * Nclevels;
image(x,y,Br);
colormap(gray(Nclevels));
```

18.4.3 迈克耳孙干涉仪等倾干涉计算要求

设置参数：$f=100\mathrm{mm}$；$\lambda=452.2\mathrm{nm}$；

x,y 取值范围$[-6\mathrm{mm},6\mathrm{mm}]$；

通过循环改变 d 的数值，动态显示干涉结果

$d=0.39\pm0.005k,k=0\sim15$。

MATLAB 程序参考如下：

```
% % 动态模拟迈克耳孙干涉
% ======================================
clear;clc
close all
% ============= 确定参数及变量的值 ===============
%单位统一为 m
f = 0.2;                      % 透镜的焦距(单位:m)
lambda = 632e - 9;            % 入射光波长(单位:m)
```

```
d = 0.4e - 3;                                    % 空气薄膜的厚度(单位:m)
% ============= 根据公式求出光强分布 ===============
xMax = 20000 * lambda;                           % x 取值范围约为[-12.6mm,12.6mm]
yMax = 20000 * lambda;                           % % y 取值范围约为[-12.6mm,12.6mm]
step = 200 * lambda;
[x,y] = meshgrid( - xMax:step:xMax, - yMax:step:yMax);     % 建立坐标网格
r = sqrt(x.^2 + y.^2);
Ir = 4 * (cos(2 * pi * d/lambda. * cos(atan(r./f)))).^2;   % 光强分布
% % ============ 将可见光光谱导入为颜色图 ============
info = imfinfo("可见光光谱.jpg");
Q = imread("可见光光谱.jpg");
map = im2double(squeeze(Q(1,:,:)));
% ================= 使用数据画图 =================
figure()
H = pcolor(x,y,Ir);
set(gca,'fontname','times new roman',...
    'fontsize',15);
xlabel('请单击空格停止动画','fontname', ...
    '宋体','Color','r','fontsize',20);
% ylabel('\ity(m)','fontname', ...
%       'times new roman','fontsize',20);
title('迈克耳孙干涉仪', ...
    'fontname','宋体','fontsize',20);          % 添加标题
shading interp;
colormap(map);
cmap = colormap;
colorbar
% ============= 根据波长确定光的颜色 ==============
n_color = size(map,1);
color_wave = cmap(round(n_color. * (lambda. * 1e + 9 - 379)./370),:);
                                              % 根据输入的波长确定光波的颜色
new_cmap = [0:color_wave(1)/50:color_wave(1);
    0:color_wave(2)/50:color_wave(2);
    0:color_wave(3)/50:color_wave(3)].';
colormap(new_cmap);                           % 根据输入的光的波长创建对应的
                                              % 颜色图范围
% colorbar
theAxes = axis;
% ==================== 制作动画 ====================
k = 1;
while k
    s = get(gcf,'currentkey');                % 获取键盘操作信息
    if strcmp(s,'space')                       % 如果是空格则停止动画
        clc;
        k = 0;
```

```
        end
        pause(0.3);                              % 暂停 0.3s
        d = d - 0.00005e-3;                      % 随着 d 的减少,干涉环向中心收缩
        Ir = 4 * (cos(2 * pi * d/lambda. * cos(atan(r./f)))).^2;
        set(H,'CData',Ir);
    end
```

18.5　实验注意事项

软件卡顿时耐心等待,不要强行退出以免丢失数据。

18.6　预习思考题

分析模拟与实际干涉情况的区别。

18.7　实验报告

1. 记录三种干涉现象的仿真图像;
2. 结合图像说明光的干涉条件及干涉结果;
3. 基于实验现象及分析结果提炼出 1～2 个科学问题或该现象的应用方向。

实验 19

基于MATLAB的二维光场分析

19.1　实验目的

1. 掌握光场的复振幅表达。
2. 区分理解平面波、球面波（发散、会聚）。
3. 编程实现单色光波在给定二维平面上的构建。

19.2　实验原理

二维光场分布中,单色光及复振幅分别如图 19.1 和图 19.2 所示。

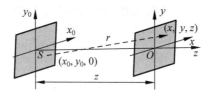

图 19.1　单色光振动示意图

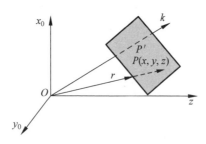

图 19.2　平面波复振幅示意图

单色光光场表达式为

$$U(x,y,z,t) = U_0(x,y,z)\cos[\varphi(x,y,z) - 2\pi vt] \tag{19.1}$$

同时由于光波段的振动的频率太快而难以探测,往往只考虑光强的平均值。因而光波场的空间分布常常丢弃时间项,用空间分布表示为

$$\widetilde{U}(x,y,z) = U_0(x,y,z)\exp[j\varphi(x,y,z)] \tag{19.2}$$

将其相位转化为干涉条纹观察是常见的相位获取的方法之一,干涉光场可如下描述:

$$I(x,y,z) = \widetilde{U}(x,y,z)\widetilde{U}^*(x,y,z) = |\widetilde{U}(x,y,z)|^2 \tag{19.3}$$

球面光波表达式为

$$U(x,y,z,t) = \frac{U_0(x,y,z)}{r}\cos(\boldsymbol{k}\cdot\boldsymbol{r} - 2\pi vt) \tag{19.4}$$

其中发散和汇聚的球面波复振幅为

$$U(x,y,z) = \frac{U_0(x,y,z)}{r}\exp(jkr), \quad 汇聚 \tag{19.5a}$$

$$U(x,y,z) = \frac{U_0(x,y,z)}{r}\exp(-jkr), \quad 发散 \tag{19.5b}$$

对于 x,y 平面上对于 S 点张角不大的范围,也就是满足傍轴条件时,进行泰勒级数展开,并且省略高阶项可得

$$r = \sqrt{z^2 + (x-x_0)^2 + (y-y_0)^2}$$
$$\approx z + \frac{(x-x_0)^2 + (y-y_0)^2}{2z} \tag{19.6}$$

将其代入式(19.5)中,可得

$$U(x,y,z) = \frac{a_0}{z}\exp(jkz)\exp\left\{j\frac{k}{2z}\left[(x-x_0)^2 + (y-y_0)^2\right]\right\} \tag{19.7}$$

如图 19.2 所示,平面波的特点是,波阵面都是平面,所以有

$$\boldsymbol{r} = x\boldsymbol{e}_x + y\boldsymbol{e}_y + z\boldsymbol{e}_z \tag{19.8}$$

$$\boldsymbol{k} = k\cos\alpha\boldsymbol{e}_x + k\cos\beta\boldsymbol{e}_y + k\cos\gamma\boldsymbol{e}_z \tag{19.9}$$

由于 $\cos\alpha^2 + \cos\beta^2 + \cos\gamma^2 = 1$,可以将平面波的复振幅表示为

$$\widetilde{U}(x,y,z) = U_0(x,y,z)\exp[jk(x\cos\alpha + y\cos\beta + z\cos\gamma)] \tag{19.10}$$

19.3　实验设备

计算机,MATLAB 软件,等等。

19.4 实验内容

1. 单色发散球面波在给定二维平面的构建,用位相表达式直接计算相位,比较复光场相位计算结果;

2. 单色会聚球面波在给定二维平面的构建,计算相位,与发散波比较;

3. 将球面光波与垂直入射相干光干涉,观察干涉条纹,调节光源中心位置、平面尺寸、传播距离和波长,观察条纹变化;

4. 单色平面波在给定二维平面上的构建,与垂直入射相干光干涉,观察干涉条纹,调节平面光入射角度、平面尺寸、传播距离和波长,观察条纹变化。

球面波实验流程

输入波长、点光源坐标、传播距离和观察面尺寸等参数;

生成观察面二维坐标网格(mesh grid);

构建发散球面光波;

直接计算相位;

绘制相位三维图像(surfl);

用 angle 函数计算发散球面光波的包裹相位;

用 imshow 显示包裹相位;

用 plot 绘制真实相位的剖线;

保持,同时绘制包裹相位剖线;

计算发散(会聚)光波与垂直入射光波间的干涉。

MATLAB 程序参考如下[38]:

```
imshow                              % 显示干涉光强分布
lamda = 6328e - 10;                 % 波长,单位:m
k = 2 * pi/lamda;                   % 波数
x0 = 0.001                          % 点光源的 x 坐标,单位:m
y0 = 0.001;                         % 点光源的 y 坐标,单位:m
z = 0.3;                            % 观察面到点光源的垂直距离,单位:m
L = 0.005                           % 观察面的尺寸,单位:m
x = linspace( - L/2,L/2,512); y = x;  % 构建 x 坐标和 y 坐标
[x,y] = meshgrid(x,y);              % 构建二维坐标网格
U1 = exp(j * k * z). * exp(j * k. * ((x - x0).^2 + (y - y0).^2)/2/z);
                                    % 发散球面光波
ph1 = k. * ((x - x0).^2 + (y - y0).^2)/2/z;  % 发散球面波的实际相位
figure,surfl(ph1),shading interp,colormap(gray)
phyp1 = angle(U1);                  % 发散球面波的包裹相位
figure,imshow(phyp1,[])
```

```
U2 = exp( - j * k * z). * exp( - j * k. * ((x - x0).^2 + (y - y0).^2)/2/z);
                                        % 会聚球面光波
ph2 = - k. * ((x - x0).^2 + (y - y0).^2)/2/z;      % 会聚球面波的实际相位
figure,surfl(ph2),shading interp,colormap(gray)
phyp2 = angle(U2);                      % 会聚球面波的包裹相位
figure,imshow(phyp2,[])
figure, plot(ph2(257,:),'--')           % 实际相位的剖线
hold on                                 % 保持当前图像
plot(phyp2(257,:),'r')                  % 包裹相位的剖线
diff1 = U1 + 1;                         % 观察面上发散球面光与垂直照射平
                                        % 行光的干涉
I1 = diff1. * conj(diff1);              % 观察面上的光强
figure,imshow(I1,[0,max(max(I1))])
diff2 = U2 + 1;                         % 观察面上会聚球面光与垂直照射平
                                        % 行光的干涉
I2 = diff2. * conj(diff2);              % 观察面上的光强
figure,imshow(I2,[0,max(max(I2))])
```

平面波程序流程图

输入波长、波矢与 x,y 轴夹角及观察面尺寸等参数；

生成观察面二维坐标网格；

构建平面光波；

计算实际相位；

Surfl 绘制实际相位三维分布图；

用 angle 计算包裹相位，imshow 显示之；

用 plot 绘制实际相位剖线及包裹相位剖线；

计算与垂直入射光的干涉，imshow 显示干涉光强。

MATLAB 程序参考如下：

```
lamda = 6328 * (10^( - 10));            % 波长
k = 2 * pi/lamda;                       % 波数
alpha = pi/2.005;                       % 光与 x 轴的夹角
beita = pi/2.005;                       % 光与 y 轴的夹角
L = 0.004                               % 观察面的尺寸,单位:m
x = linspace( - L/2,L/2,512);y = x;
[x,y] = meshgrid(x,y);
U = exp(j. * k. * (x. * cos(alpha) + y. * cos(beita)));      % 构建入射平行光场
ph = k. * (x. * cos(alpha) + y. * cos(beita));      % 直接计算实际相位
figure,surfl(ph),shading interp,colormap(gray)
phyp = angle(U);                        % 计算光场的相位(包裹相位)
figure,imshow(phyp,[])
figure,plot(ph(257,:) , '--')
hold on,plot(phyp(257,:),'r')
```

```
diff = U + 1;                                    % 观察面上入射平行光与垂直照
                                                 % 射平行光的干涉
I = diff. * conj(diff);                          % 观察面上的光强
figure,imshow(I,[])
UFuv = fftshift(fft2(U));                         % 计算光场的频谱
figure,imshow(abs(UFuv),[0,max(max(abs(UFuv)))./50])     % 光场的频谱
IFuv = fftshift(fft2(I));                         % 计算干涉条纹的频谱
figure,imshow(abs(IFuv),[0,max(max(abs(IFuv)))./50])     % 干涉条纹的频谱
```

19.5　实验注意事项

软件卡顿时耐心等待,不要强行退出以免丢失数据。

19.6　预习思考题

分析模拟与实际情况的区别。

19.7　实验报告

1. 记录单色球面波和平面波的仿真图像;

2. 结合图像说明相位获取是利用哪种光学现象来进行表达的及这种表达方法的优点;

3. 基于实验现象及分析结果提炼出 1~2 个科学问题或该现象的应用方向。

实验 20

基于MATLAB的伽博同轴全息记录与再现

20.1 实验目的

1. 了解伽博同轴全息记录的概念。
2. 掌握 MATLAB 模拟光学同轴全息记录与再现的过程。

20.2 实验原理

1948 年,匈牙利裔物理学家伽博(Dennis Gabor)发明了全息照相技术,并因此于 1971 年获得诺贝尔物理学奖。全息摄影是指一种记录被摄物体反射波的振幅和位相等全部信息的新型摄影技术。普通摄影仅能记录物体面上的光强分布,却不能记录物体反射光的位相信息,从而失去了实物所具备的立体感。采用激光作为照明光源的全息技术,可以将光源发出的光分为两束,一束直接射向感光片,另一束经被摄物的反射后再射向感光片,这两束光也就具备了不同的相位,它们在感光片上会发生干涉,感光底片上不同位置的各点的感光程度不仅随强度也随两束光的位相关系而不同。所以全息摄影不仅反映了物体所反射光的强度,也保存了相位关系。这种感光的底片,在人眼观察下只能看到干涉条纹,但如果在激光照射下,就能看到与实物完全相同的三维立体像。并且全息摄影图片即使破损后只剩下部分影像,依然可以重现全部影像。全息摄影是激光领域的重要技术。

利用相干光波记录相位和振幅信息,再利用相干波再现无像差像,其原理如图 20.1 和图 20.2 所示

透明物体透过率 $t(x_0, y_0) = t_0 + \Delta t(x_0, y_0)$, $|\Delta t(x_0, y_0)| \ll 1$

式中,t_0 代表单位振幅入射后的参考光场,在记录面上分布表示为 $\widetilde{R}$;Δt 代表弱散射光形成的物光场,在记录面上分布表示为 $\widetilde{O}(x, y)$。

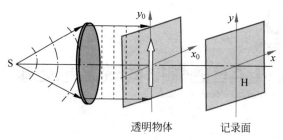

图 20.1   全息照相示意图

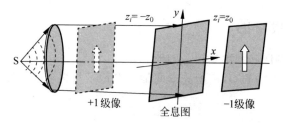

图 20.2   全息照相计算示意图

$$I(x,y) = |\tilde{R} + \tilde{O}(x,y)|^2$$

$$= |\tilde{O}(x,y)|^2 + |\tilde{R}|^2 + \tilde{R} * \tilde{O}(x,y) + \tilde{R}\tilde{O}*(x,y) \quad (20.1)$$

$$t(x,y) = t_0 + \beta E = t_0 + \beta[\tau I(x,y)] = t_0 + \beta' I(x,y) \quad (20.2)$$

$$t(x,y) = t_b + \beta'[|\tilde{O}(x,y)|^2 + \tilde{R} * \tilde{O}(x,y) + \tilde{R}\tilde{O}*(x,y)]$$

$$(20.3)$$

用振幅为 C 的平面光垂直照射全息图,则出射光场为

$$U(x,y) = Ct_b + \beta'C|\tilde{O}(x,y)|^2 + \beta'C\tilde{R} * \tilde{O}(x,y) + \beta'C\tilde{R}\tilde{O}*(x,y)$$

$$= \tilde{U}_1 + \tilde{U}_2 + \tilde{U}_3 + \tilde{U}_4 \quad (20.4)$$

式中,U_1 为照明光的直透光,背景光;U_2 为非均匀分布,但较弱,沿直透方向合为零级衍射光;U_3 携带物光信息,沿参考光波共轭光方向,称 $+1$ 级衍射光,在 $-z_0$ 处形成虚像;U_4 携带物光共轭光信息,沿参考光波方向,称 -1 级衍射光,在 z_0 处形成实像。

20.3 实验设备

计算机,MATLAB 软件,等等。

20.4   实验内容

1. 通过衍射计算完成光学同轴全息记录与再现过程的仿真,注意观察再现像的特点;

2. 改变再现距离观察再现像的变化;

3. 利用一幅实验记录的伽博同轴数字全息图,完成同轴全息的再现过程,并观察其再现像中的"+1"级像、"−1"级像和零级像。

伽博同轴全息记录与再现程序流程如下:

调入物的图片,取其中一层,并转为双精度;

将物转换为高透射系数的振幅型物体;

用 imshow 显示物体;

输入波长、波数、衍射距离和物面尺寸;

用 meshgrid 生成物面坐标网格;

分别赋值

$\exp(jkz_0)/(j\lambda z_0)$

$\exp[jk(x_0^2+y_0^2)/2z_0]$

完成物光场 $U_0(x_0,y_0)$ 的傅里叶变换;

完成 $\exp[jk(x_0^2+y_0^2)/2z_0]$ 的傅里叶变换;

频谱相乘;

用 iFFT 运算得全息记录面上的光场分布 U_h

计算全息记录面上全息图的光强分布;

用 imshow 显示全息图光强分布;

赋值衍射重构再现像的成像距离;

分别赋值

$\exp(jkz_i)/(j\lambda z_i),\exp[jk(x_i^2+y_i^2)/2z_i]$

完成全息图光强的傅里叶变换;

完成 $\exp[jk(x_i^2+y_i^2)/2z_i]$ 的傅里叶变换;

频谱相乘;

用 iFFT 运算得观察屏上的再现光场分布 U_i,并计算光强分布;

用 imshow 显示再现像光强分布。

MATLAB 程序参考如下[38]:

```
Uo = imread('guang.bmp');          % 调入作为物的图像
Uo = double(Uo (:,:,1));           % 取第一层,并转为双精度
[r,c] = size(Uo);
```

```
Uo = ones(r,c) * 0.98 - Uo/255 * 0.5;           % 将物转换为高透射系数体
figure,imshow(Uo,[0,1]),title('物')
lamda = 6328 * 10^( -10);k = 2 * pi/lamda;      % 赋值波长和波数
Lo = 5 * 10^( -3)                               % 赋值衍射面(物)的尺寸
xo = linspace( - Lo/2,Lo/2,r);yo = linspace( - Lo/2,Lo/2,c);
[xo,yo] = meshgrid(xo,yo);                      % 生成衍射面(物)的坐标网格
zo = 0.20;                                      % 全息记录面到衍射面的距离,单位:m
% 下面用 T - FFT 算法完成物面到全息记录面的衍射计算
F0 = exp(j * k * zo)/(j * lamda * zo);
F1 = exp(j * k/2/zo. * (xo.^2 + yo.^2));
fF1 = fft2(F1);
fa1 = fft2(Uo);
Fuf1 = fa1. * fF1;
Uh = F0. * fftshift(ifft2(Fuf1));
Ih = Uh. * conj(Uh);
figure,imshow(Ih,[0,max(max(Ih))/1]),title('全息图')
% 下面用 T - FFT 算法完成全息面到观察面的衍射计算(重构再现像)
for t = 1:40                                    % 分 40 幅图像再现聚、离焦过程
    zi = 0.10 + t. * 0.005                      % 用不同的值赋值再现距离
    F0i = exp(j * k * zi)/(j * lamda * zi);
    F1i = exp(j * k/2/zi. * (xo.^2 + yo.^2));
    fF1i = fft2(F1i);
    fIh = fft2(Ih);
    FufIh = fIh. * fF1i;
    Ui = F0i. * fftshift(ifft2(FufIh));
    Ii = Ui. * conj(Ui);
    imshow(Ii,[0,max(max(Ii))/1])
    str = ['成像距离:',num2str(zi),'米'];      % 设定显示内容
text(257,30,str,'HorizontalAlignment','center','VerticalAlignment','middle',
'background','white');                          % 设定在图中显示字符的位置及格式
    m(t) = getframe;                            % 获得并保存显示的图像
end
movie(m,2,5)                                    % 播放保存的图像
```

20.5   实验注意事项

软件卡顿时耐心等待,不要强行退出以免丢失数据。

20.6   预习思考题

分析模拟与实际情况的区别。

20.7　实验报告

1. 记录模拟光学同轴全息记录与再现的仿真图像；
2. 结合图像分析伽博同轴全息记录及显示的基本性质和特点；
3. 基于实验现象及分析结果提炼出 1～2 个科学问题或该现象的应用方向。

参 考 文 献

[1] LU X, NAIDIS G V, LAROUSSI M, et al. Reactive species in non-equilibrium atmospheric-pressure plasmas: Generation, transport, and biological effects[J]. Physics Reports, 2016, 630: 1.

[2] 王兴权. 介质阻挡放电降解甲基紫废水及尾气中 NO_x 的光谱分析及机理研究[D]. 长春: 长春理工大学, 2010.

[3] CHEN G L, ZHAO W J, CHEN S H, et al. Preparation of nanocones for immobilizing DNA probe by a low-temperature plasma plume[J]. Applied Physics Letters, 2006, 89(12): 121501.

[4] WANG X Q, CHEN W, GUO Q P, et al. Characteristics of NO_x removal combining dielectric barrier discharge plasma with selective catalytic reduction by C_2H_5OH[J]. Journal of Applied Physics, 2009, 106(1): 013309.

[5] WANG X Q, LI X, ZHOU R W, et al. Degradation of high-concentration simulated organic wastewater by DBD plasma[J]. Water Science and Technology, 2019, 80(8): 1413.

[6] 李星, 王兴权, 杨洪宇, 等. 介质阻挡放电等离子体降解制药企业废水污染物的研究[J]. 电工电能新技术, 2020, 39(1): 75.

[7] 徐学基, 诸定昌. 气体放电物理[M]. 上海: 复旦大学出版社, 1996.

[8] 徐家鸾, 金尚宪. 等离子体物理学[M]. 北京: 原子能出版社, 1981.

[9] 孙岩洲, 邱毓昌, 李发富. 利用 Lissajous 图形计算介质阻挡放电参数[J]. 河南理工大学学报(自然科学版), 2005, 24(2): 113.

[10] 张芝涛, 鲜于泽, 白敏冬, 等. 电荷电压法测量 DBD 等离子体的放电参量[J]. 物理, 2003, 32(7): 458.

[11] 曾祥华, 王兴权. 全桥逆变 IGBT 驱动及保护的高压电源电路设计[J]. 赣南师范大学学报, 2017, 38(6): 53.

[12] WANG X, LU X, CHEN W, et al. A half-bridge IGBT drive & protection circuit in dielectric barrier discharge power supply[J]. Circuit World, 2022, 48(4): 586.

[13] 乔忠良. 高亮度大功率半导体激光器研究[D]. 长春: 长春理工大学, 2011.

[14] 张兴德. 半导体 GaAs-(AlGa)As 大光腔激光器研制简报[J]. 兵器激光, 1983, (2): 82.

[15] 李淳飞, 许景春. 扫描法布里-珀罗光学双稳态装置[J]. 光学学报, 1981, 1(2): 167.

[16] 安毓英, 刘继芳, 李庆辉, 等. 光电子技术[M]. 4 版. 北京: 电子工业出版社, 2016.

[17] 王鹏冲. 声光调制型可见光高光谱成像技术研究[D]. 哈尔滨: 哈尔滨工业大学, 2017.

[18] 钱晓凡. 信息光学数字实验室(Matlab 版)[M]. 北京: 科学出版社, 2015.

[19] 彭润玲. Pb(Zr$_{0.94}$Ti$_{0.06}$)O$_3$ 薄膜的铁电性及热释电性能的研究[D]. 南京：南京航空航天大学，2002.

[20] 陈光华，邓金祥. 新型电子薄膜材料[M]. 北京：化学工业出版社，2002.

[21] 杨邦朝，王文生. 薄膜物理与技术[M]. 成都：电子科技大学出版社，1994.

[22] PENNING F M. Die glimmentladung bei niedrigem druck zwischen koaxialen zylindern in einem axialen magnetfeld[J]. Physica，1936，3(9)：873.

[23] KIYOTAKA W，SHIGERU H. Low pressure sputtering system of the magnetron type[J]. Review of Scientific Instruments，1969，40(5)：693.

[24] GILL W D，KAY E. Efficient low pressure sputtering in a large inverted magnetron suitable for film synthesis[J]. Review of Scientific Instruments，1965，36(3)：277.

[25] KAY E. Magnetic field effects on an abnormal truncated glow discharge and their relation to sputtered thin-film growth[J]. Journal of Applied Physics，1963，34(4)：760.

[26] 沈燕. 表面纳米结构对(GaN)LED 发光效率的影响[D]. 济南：山东大学，2015.

[27] 孟庆哲. ITO 透明导电薄膜制备工艺及机理的研究[D]. 金华：浙江师范大学，2013.

[28] 赵景训. ITO 薄膜的制备及其性能研究[D]. 大连：大连交通大学，2010.

[29] 谭礼军. 氮化镓基微尺寸 LED 的结构设计与特性研究[D]. 广州：华南理工大学，2021.

[30] 仇晓明. 新型稀土激光材料的研究[D]. 上海：复旦大学，2008.

[31] ANASHKINA E A，ANDRIANOV A V，DOROFEEV V V，et al. Development of infrared fiber lasers at 1555 nm and at Er-doped zinc-tellurite glass fiber[J]. Journal of Non-Crystalline Solids，2019，525：119667.

[32] 丁宁. 稀土掺杂碲酸盐玻璃发光性能研究[D]. 长春：长春理工大学，2020.

[33] 李尧. 氙灯泵浦钕玻璃毫秒级大能量固体激光器研究[D]. 长春：长春理工大学，2014.

[34] 赵媛媛，侯霞，陈卫标. 2μm 全固态激光器的研究进展[J]. 激光与光电子学进展，2006，43(6)：20.

[35] 周炳琨，陈倜嵘. 激光原理[M]. 北京：国防工业出版社，2009.

[36] 樊心民，郑义，孙启兵，等. 90/10 刀口法测量激光高斯光束束腰的实验研究[J]. 激光与红外，2008，38(6)：541.

[37] 熊小华. 刀口法测量高斯光束腰斑大小实验设计[J]. 南昌航空工业学院学报，2000，14(3)：73.

[38] 欧攀. 高等光学仿真(MATLAB 版)：光波导·激光[M]. 北京：北京航空航天大学出版社，2011.